U0144853

臺灣製茶學

農業部茶及飲料作物改良場 編著

五南圖書出版公司 印行

序

臺灣製茶技術享譽國內外，提起臺灣特色茶素有「北包種、南烏龍」，猶如神仙製茶千年美，深受全世界愛茶人士的喜愛。臺灣茶產業之發展因受地緣關係及沿海移民帶入烏龍茶的製造方法及喝茶習慣，初期產製的粗（初）製茶送往福建精製後外銷全世界；後續臺灣在地製茶前輩依海島型氣候的特殊性，陸續創建清香型包種茶、焙香型烏龍茶及東方美人茶等特色茶類製法，如今臺灣茶產業的發展已獨自創造出具臺灣味的特色茶類，尤其在基本製茶過程中，各個重要步驟的用心與堅持，也展現出臺灣的精神。

臺灣風土相當適合茶樹生長，各茶區因應其環境條件發展出風味獨特之特色茶。茶業改良場曾於民國 91 年修訂出版茶業技術推廣手冊《製茶技術》，惟經 20 年來製茶技術不斷推陳出新，遂召集本場專業同仁共同撰寫並更新臺灣製茶技術相關資料及圖片，以圖文對照方式介紹臺灣八大特色茶之原料選擇與適製性、茶葉製造技術與品質特色，期對茶農、農學相關科系學生及製茶有興趣的人士更易於學習、理解臺灣特色茶之製程及關鍵技術，加以參考運用並持續精進改良製茶技術，讓臺灣茶產業永續發展。時光列車進入民國 112 年，欣逢建場 120 週年，謹以此書作爲邁向下一個百年的開始。

行政院農業委員會於民國 112 年（2023）8 月 1 日改制升格爲「農業部」，同年 8 月 8 日農業部茶及飲料作物改良場（原行政院農業委員會茶業改良場）正式掛牌。

《臺灣茶作學》、《臺灣製茶學》爲推廣正確臺灣茶知識及提供教育推廣的優良書籍，其內容圖文並茂且淺顯易懂的文字，於推出後獲得農學相關科系及愛茶人士的喜愛。基於第二版印刷前，特再邀集場內專業同仁針對各章節進行檢視並從專有名詞用語及圖表呈現上力求一致性，以方便讀者前後對照且能在本場出版的相關書籍與技轉委外辦理的感官品評課程講義能夠前後呼應，俾利讀者順利閱讀與融會貫通。

「茶葉、茶業」隨著時間、空間及市場變化會稍有不同的製程調整及名稱，這都是正常的現象，但其核心本質（技術及觀念）必須是正確的；如此，才能站在傳統臺灣茶的栽培與製茶等技術（藝）上再往前邁進，以因應並連結現今快速變化的 AI 消費新世代市場。

再次感謝本場同仁兢兢業業、努力不懈，齊爲臺灣茶發展注入新生命力。

農業部茶及飲料作物改良場　場長

蘇宗振　謹識

中華民國 112 年 4 月

中華民國 113 年 8 月修訂

目錄 | CONTENTS

01

緒　論

文、圖／蘇宗振、吳聲舜

一、臺灣製茶的歷史沿革

臺灣製茶技術享譽國內外，深受全世界愛茶人士的喜愛，提起臺灣特色茶素有「北包種、南烏龍」之美譽。臺灣茶係採用臺灣選育出的茶樹品種，再加上融合了中國與日本的製茶技術，並在掌握海島型氣候條件下，結合「看天氣製茶、看茶製茶」的工藝，所發展出獨特的製茶技藝，創造出不同色香味的臺灣茶，不僅傳承了傳統技藝也推出創新製茶工藝，爲「臺灣茶，世界香」留下最好的註解。

茶葉係採摘茶樹嫩芽葉經加工製造而成，因加工處理方法及機具的不同產生眾多的種類。臺灣製茶的起源區分爲二，一是生長於原始山林中的原生山茶（*Camellia formosensis*），其製茶起源雖欠詳細，但依據《臺灣府誌》（編纂 1685 ～ 1764 年）列有「茶出水沙連社可療暑疾」及《諸羅縣誌》（1717 年）記載：「臺灣中南部地方，海拔八百到兩千尺的山地，有野生茶樹，附近居民採其幼芽，簡單加工製造，而作自家飲用。」等字樣，推測初期原住民採用最簡單乾燥方法後以煮或泡作爲藥材或飲用；二是由中國移民渡海至臺灣引進小葉種茶樹種植後的製茶方法及日治時期引進大葉種茶樹製造紅茶。

目前國際市場上銷售的大宗茶類，主要以紅茶、綠茶和烏龍茶類爲主，各類茶之級別會依茶芽的老嫩、採摘季節、海拔高度、製造方法與特色及精製篩分程度，再以茶葉品質作爲定價。

我國對茶類的分類則是依製茶過程中之發酵（氧化作用）程度來區分，如不發酵的綠茶、全發酵的紅茶及部分發酵茶的包種茶及烏龍茶類。臺灣的消費者特別喜歡國內各茶區的特色精品茶，其不以產量爲主，而是以製茶工藝、品質和歷史傳承及地方特色取勝，在量少質優可遇不可求的情況下，加上邀請政要或名人加以命名或拉抬知名度，其價值或價格遠遠高於商用茶，如東方美人茶［民國 110 年（2021）新竹縣東方美人茶特等獎售價高達新臺幣 66 萬元／臺斤］、凍頂烏龍茶、高山烏龍茶及蜜香紅茶等。

回顧歷史，臺灣茶產業之發展最早是受地緣關係及中國移民將烏龍茶的製造方法及品飲習慣的帶入，初期製茶方法係傳承自福建的商用烏龍茶，在臺灣逐漸發展成型後所產製的粗（初）製茶送往福建再精製後外銷全世界，至清朝末年正逢茶葉外銷盛期，此時期是受到區域分工的影響（林，2001）。 1869 年英國人約翰・杜德（John Dodd）把臺灣所產製的烏龍茶正式以「Formosa Tea」外銷美國紐約成功奠定「臺灣茶」發展基業之後，臺灣的製茶前輩更進一步創建清香型包種茶和焙香型烏龍茶等特色茶類製法，更是有別於中國傳統製法；更於日治時期引進全發酵紅茶的製法，使臺灣又增加一種外銷茶類；至臺灣光復後又以不發酵炒菁或蒸菁綠茶的外銷實績，讓臺灣茶從不發酵到全發酵茶類的產製種類更加完備。盱衡全世界，很少有產茶國家具備此種全方位的製茶技藝與能力，這是臺灣的驕傲。

二、臺灣茶發展歷程

歷史就像條河流，雖然我們無法選擇過去，卻可將前人製茶經驗導引決定自己的未來。臺灣茶的發展可溯及荷據時期的轉口貿易，到清末時期原生山茶的發現與利用，或先民從中國沿海省分，將茶種、栽植方法、烏龍茶製造技術傳入臺灣，發展迄今有幾百年的歷史。從早期的烏龍茶開始，以烏龍茶打下臺灣茶的基礎，接著包種茶、紅茶、綠茶之發展，在在顯示臺灣茶葉的產製與發展過程對國家經濟立下不可抹滅的貢獻。臺灣茶歷經二百多年來的發展，期間一直受中國及世界茶葉產量和貿易轉變等諸多因素的影響，雖多次瀕臨沒落的困境和挫敗，卻總能重新振作另創高峰，充分展現臺灣茶堅強蓬勃的生命力和意志力。

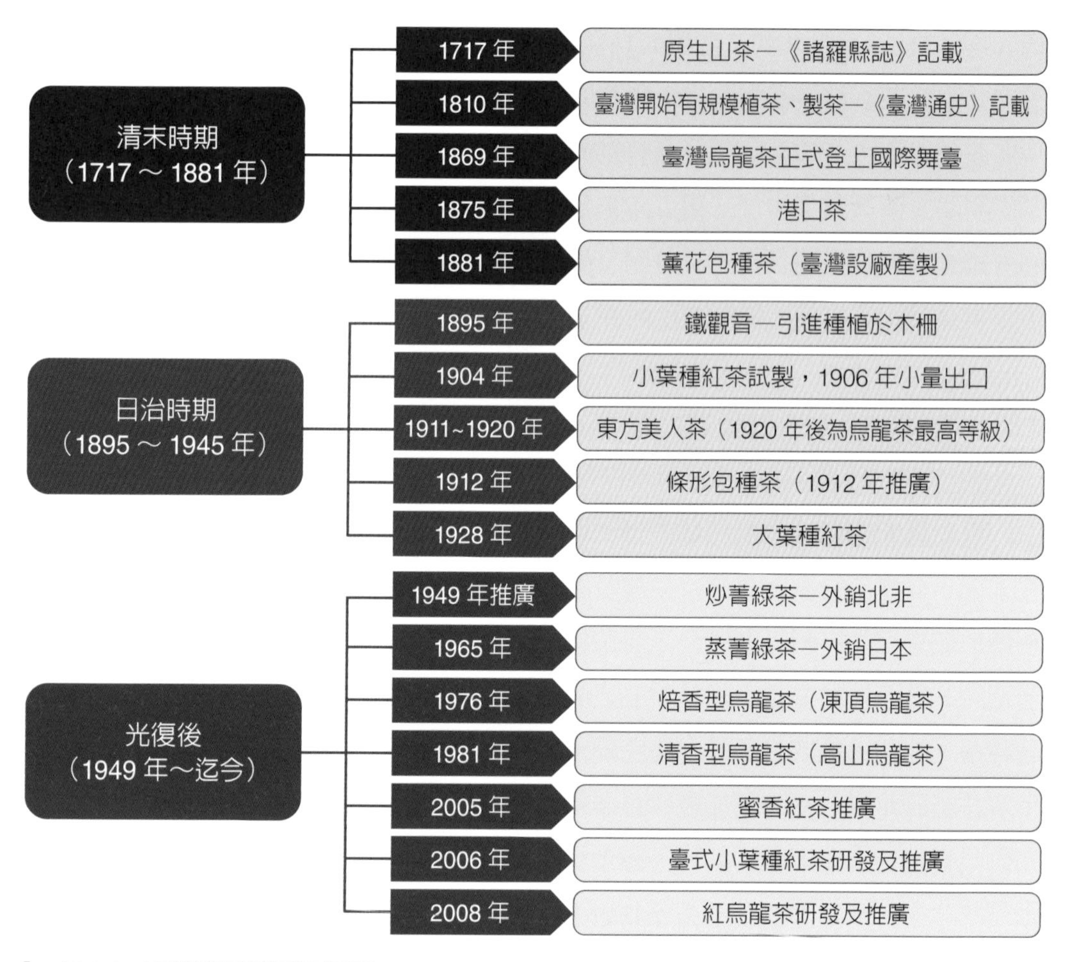

圖 1-1　臺灣製茶技術發展歷程。

臺灣茶發展歷程大致可分爲三個時期（如圖 1-1 及附表 1-1 補充說明），分述如下：

（一）清末時期

臺灣有人工栽培茶樹的源起眾說紛紜，曾有學者提及臺灣種茶之歷史應可追溯到清乾隆（1785 ～ 1795 年）（劉，2008）；但一般仍以《臺灣通史》記載嘉慶 15 年（1810）柯朝從福建武夷山引入茶籽，爲開啟臺灣北部種植茶葉之始，也就是清朝開拓臺灣 127 年後，才正式有證據可考。1865 年之前，臺灣茶樹栽種首先從北部開始發跡，沿著淡水河上游及其支流大嵙崁溪、新店溪及基隆河之丘陵地種植。然而眞正大規模引進茶籽、茶苗及積極栽種茶樹推廣臺灣茶，依文獻記載應自

1866 年後才開始。換言之，臺灣有大規模及系統種茶，始自英國商人杜德，杜氏不僅堪稱「臺灣茶發展之父」，也是最早讓「臺灣茶」揚名國際的第一人。

臺灣初期開始種植茶樹仍以副業爲主，製茶技術沿襲福建武夷茶製法。1869 年以前臺灣茶產業搭上中國外銷盛期，當時是扮演著區域分工（代工）的角色，製成的烏龍茶必須送往廈門或福州精製後再出口，臺灣是沒有自己的品牌。直到 1869 年英國人約翰．杜德在臺北艋舺將茶葉精製後以「Formosa Tea」名義出口到美國紐約，臺灣所產的烏龍茶才在世界上嶄露頭角，站上國際市場的舞臺。由此，臺灣茶享譽國際，商人及洋行接踵而來，紛設洋行收購茶葉，從而奠定臺灣茶外銷之基礎。

臺灣茶業發展初期，產茶種類只有烏龍茶，會有薰花包種茶的出口實乃爲了化解烏龍茶外銷受阻之做法。1873 年國際茶葉市場萎縮，臺灣製烏龍茶外銷普遍不振，部分洋行認爲臺灣茶售價偏高沒有利潤可圖，因而停止購買，一時之間臺北一帶滯茶堆積如山，茶葉銷售陷入慘境。後經華人商討對策乃將部分烏龍茶運往福州改製成薰花包種茶銷售，才解決國內困境。自 1881 年由福建同安人吳福源（吳福老）先生，在臺灣大稻埕開設「源隆號」茶廠，製造薰花包種茶，是年臺灣包種茶首次輸出海外，爲臺灣開創精製包種茶之先河。此後，陸續有商號成立專事薰花包種茶之製造，內銷中國及南洋各地。因此，清末外銷精製茶館有烏龍茶與包種茶館之區分，烏龍茶館俗稱「蕃莊（番庄）館」，包種茶館稱爲「舖家館」，另有兼營以上兩種茶館者，即所謂「烏龍包種茶館」。1895 年以前，臺灣茶生產的茶類以烏龍茶和薰花包種茶爲主。

（二）日治時期（1895 ～ 1945 年）

日治時期這 50 年間，臺灣茶類的產製陸續增加半球或球形鐵觀音茶、膨風茶（椪風茶、東方美人茶）及紅茶等茶類，並成爲地區性的特色茶。日治時期成立茶業試驗研究機構，如安平鎮製茶試驗場（農業部茶及飲料作物改良場前身，建立於 1903 年），對日後茶葉外銷及不同茶類的產製技術，如條形包種茶、膨風茶及鐵觀音茶的產製發展貢獻卓著。以臺灣茶的發展歷史，如果說清末時期是孕育期，則日治時期可說是豐收期，當時外銷擴展至南洋、中國東北及華北等地。初期臺灣製造紅茶的品種大都以小葉種爲主，在大溪及中壢兩地係用黃柑種製造，新竹州用野生茶（應爲蒔茶）；另在臺灣中部魚池及埔里用阿薩姆品種（沃克斯，1935）。1899 年三井合名會社（現今臺灣農林公司的前身）在臺北之海山及桃園大溪，開拓大規模茶園，並建新式製茶廠於大豹、大寮、水流東及磺窟等地專製紅茶，品質極佳，可與立頓紅茶（Lippton）媲美，有名的「日東紅茶（Nittoh）」即出自該公司所產。回顧大葉種紅茶種植方面，係於 1926 年在南投魚池試作阿薩姆種（Assam），引進印度各地的地方品種種子播種，其後裔依種子來源地可分爲 Jaipuri、Manipuri、Kyang 和大吉嶺，日人見其生育成績良好，遂於 1936 年設立魚池紅茶試驗支所（農業部茶及飲料作物改良場中部分場前身），專責阿薩姆種栽種、製造試驗及育種推廣工作（徐，1995），該時期大力推廣大葉種紅茶的產製，在出口茶類中還曾躍居出口茶類的第一位，其影響臺茶的發展深遠。另臺灣著名的「東方美人茶」也是在日治時期創製發展出來。

日治時期臺灣茶栽培面積不僅一直維持在約 4 萬餘公頃（1919 年曾達 47,845 公頃），茶葉總產量也維持約 2 萬餘公噸左右，1918 年外銷量約在 1.3 萬公噸以上。從產業發展層面審視，除需要外在條件如「天時、地利、人和」的配合和市場需求外，內在產業條件也需搭配，包括民間商業活力及政府政策的積極輔導與具體改善措施等，都是必要條件。換言之，日治時期臺灣茶之所以能如此蓬勃發展，與當時政府擬定具體的茶業發展政策、明確有效的改善措施及因應時代變遷的產業政策調適，具有極密切關係。這些政策，如專業茶業研究機構設立、現代化機械化生產改良、設置茶檢查所、優良品種引進選育及辦理優良茶比賽等，都是影響臺灣茶後續發展至爲深遠的措施。然而產業政策並非一成不變，必須因應時代變遷而調適，日治時代從烏龍茶轉爲紅茶發展的策略，即爲因應時代變遷的成功調適策略。

（三）光復後臺灣茶產業發展（1945 ～ 1982 年）

臺灣光復後（1945 ～ 1982 年），在這短短 40 年間，堪稱臺灣茶發展有史以來變動最激烈的時期，更是臺灣茶發展有史以來最輝煌時期，這段時期不僅展現臺茶堅強驚人的生命力和韌性，更展現前輩茶人爲臺灣茶發展開疆闢土打拼天下的企圖心。此時期特點可歸納如下幾點：

1. 開創臺灣茶外銷最高峰

1967 年炒菁綠茶（眉茶、珠茶）外銷至摩洛哥 12,000 公噸，締造外銷最高量。更於 1973 年締造臺灣茶外銷巔峰高達 23,516 公噸，單僅外銷日本之煎茶（蒸菁綠茶）即達 13,000 公噸，同年亦爲臺灣茶有史以來產茶量最高紀錄的年代，達 28,581 公噸（臺灣區製茶工業同業公會，2004）。

2. 臺灣茶外銷最多國家時期

除了外銷炒菁綠茶至非洲地區，煎茶銷售至日本外，涵蓋全球五大洲 54 國家，皆有臺灣茶外銷紀錄，包括紅茶、烏龍茶、包種茶及綠茶四大茶類皆有外銷，此期堪稱前輩茶人爲臺灣奮鬥打拼天下最顚峰期。

3. 變動最激烈時期

在這短短 30 年間，臺灣茶外銷茶類呈現急速興衰起伏， 民國 38 年（1949）紅茶創下 7,485 公噸外銷紀錄，此後紅茶外銷即逐漸衰落。然而臺灣茶展現極堅強的生命力和韌性，於 1948 年自中國引進炒菁綠茶（眉茶、珠茶）製造技術，再度以炒菁綠茶創造外銷巔峰，但炒菁綠茶風光不過短短 20 年即完全沒落（自 1948 ～ 1970 年止）。臺灣茶又面臨危急存亡之秋，此時日本市場蒸菁綠茶（煎茶）的需求興起，再度創造了臺灣茶的榮光，但蒸菁綠茶風光亦不過短短 10 年間即瞬間沒落（1966 ～ 1976 年）。從 1966 年起開始產製蒸菁綠茶，到 1973 年達高峰，全臺至少上百家大型煎茶製造廠，到 1976 年急速沒落，整個煎茶的急速興起到沒落，也不過短短 10 年間。

4. 外銷綠茶的衰退

臺灣綠茶能夠外銷是受二次世界大戰之影響，從炒菁綠茶的生產，外銷北非獲致成功，開啟臺灣綠茶外銷的歷史。到市場轉向日本市場，迎合日人的蒸菁風味，並從日本引進全套的蒸菁設備生產綠茶，締造臺灣綠茶外銷的新紀錄。前後風光短短不過 30 年間，但好景不常，受到品質未能提升、石油危機及生產成本提高，加上中國綠茶攻占日本市場等綜合因素影響，外銷綠茶從高峰跌至谷底，重創臺灣茶外銷產業。

臺灣綠茶外銷的衰退，並不讓人感到意外，衰退的原因有下列幾點理由：

⑴臺灣茶外銷原本就不以綠茶爲主，產製技術未臻成熟。

⑵品種雖多，但適製優良綠茶的品種缺乏，導致品質不佳，價格無法提高，且蒸菁設備由日本進口，外銷數量、價格受到日人的掌控。

⑶工商業的急速發展，急需人力及土地提供支援，茶園改作其他用途。

⑷生產成本高，競爭能力喪失。

事實上臺灣綠茶與日本綠茶截然不同，除氣候與土壤外，栽培管理及品種亦有很大的差異。日本綠茶品種主要以藪北種（Yabukita）爲主，其色澤較翠綠，胺基酸含量較高。臺灣茶樹品種則以產製烏龍茶和包種茶爲主，若製造綠茶其香味差且苦澀味重。

5. 外銷轉爲內銷

1970 年代初期，綠茶外銷逐年降低，製造紅茶品質與成本競爭不過印度及斯里蘭卡，外銷市場急速萎縮，茶業人口開始大量轉移至工商業發展，導致農村勞動人口減少與老化，大量的茶園改爲工商業及休閒用地，連帶茶樹栽培面積逐年減少。此值臺灣省政府農林廳（於 1999 年精省後併入行政院農業委員會）極力改變茶葉產銷結構，由外銷轉爲內銷市場。首先於民國 71 年（1982）宣布廢止「臺灣省製茶業管理規則」，開放茶農可自產自銷，並開始推行一系列配套措施，舉辦優良茶和製茶技術競賽，有效提高茶葉品質，配合展售促銷活動，鼓勵國人常飲茶，成功地將茶葉轉爲內銷發展，爲我國農產品最先辦理促銷成功的作物。

臺灣烏龍茶的轉變是在 1974 年，那時正逢全世界的能源危機，外銷茶受到嚴重的打擊。農政單位爲解決茶農生計，決定改爲推廣內銷茶，並於民國 64 年（1975）春季首度於當時臺北縣（現今新北市）新店市農會辦理全省優良茶競賽，並於競賽後辦理展售會，有效帶動飲茶熱潮及搶購風潮。因成效良好，隔年民國 65 年（1976）於南投縣鹿谷地區舉辦首屆高級凍頂烏龍茶比賽及展售會（張，2009），當年所比賽的茶類就是半球形的烏龍茶。也就是說 1939 年王泰友與王德兩先生所傳授半球形鐵觀音製法，已從南投縣名間鄉逐漸蔓延至竹山、凍頂一帶，蔚爲一股風潮，具有一定的產量，所以當時比賽茶就以半球形爲主。評比之後的比賽茶，以「凍頂烏龍茶」爲名行銷，並利用媒體廣告大力宣傳促銷茶葉，有效帶動茶價上揚；另外加上高山烏龍茶的崛起，奠定日後半球形或球形烏龍茶霸主之地位（半球形茶爲當時製茶機具尚未成熟的過渡期）。

（四）1982 年迄今的茶類發展

從 1865 年臺灣茶開始有大規模人工栽培生產以來，到日治時期爲止（1945

年），臺灣茶產業從無到有，從萌芽到蓬勃發展，在這短短 80 年間，從茶樹品種及產製技術源自中國福建開始，再經日治時期爲臺灣茶產業的發展奠定深厚扎實的學理及機械化根基。經查清末時期，於 1893 年曾創下臺茶外銷 9,800 公噸的第一次高峰，但直到日治時期才突破上萬公噸的外銷高峰，於 1918 年創下臺茶外銷 13,166 公噸輝煌紀錄。

臺灣茶發展從光復（1945 年）後到 1980 年期間締造臺灣茶栽培面積最鼎盛時期，更充滿前輩茶人爲拓展外銷，遠渡重洋在異鄉披星載月爲臺灣茶發展打拼、折衝的奮鬥精神。這一段歷經 35 年的歷史，讓臺灣茶經歷了劇烈的起落興衰，同時也是創下臺灣有史以來農產品銷售遍布全球最多國家的紀錄。

因海峽兩岸關係特殊，臺灣茶產業的發展早已脫離中國製茶體系，獨自創造出具臺灣味的特色茶類，以獨特的色香味走出自己的路，特別是清香型包種茶、焙香型烏龍茶及東方美人茶的產製技術自成一格，以清香、甘醇及緊結的外觀爲特點，與中國產製烏龍茶差距頗大。此外，無論是在茶園栽培管理、採摘方式、製茶加工技術、製茶機械及茶藝文化等行銷體系方面，已建立一套供應國內外的產製銷一元化的供應體系。

農業部茶及飲料作物改良場（簡稱茶改場）近二、三十年持續精進包種茶及烏龍茶的產製技術，且朝應用研究及教育訓練，從品種選育、栽培管理、AI 智慧農業的導入、製造技術及茶葉機械的改進與發明，到茶農專業技術輔導、感官品評與推廣行銷，均有一系列完整的教育訓練及推廣措施，並配合各茶區農會、合作社及協會等舉辦優良茶評鑑行銷及推廣，造就整個茶產業的蓬勃發展。

三、臺灣茶產業發展趨勢

茶葉在臺灣的農作物中一直占有重要的地位，特別是在外銷史上寫下不少光輝紀錄，而今大環境的政經情勢及消費者飲食習慣改變，臺灣由出口國變爲進口國，已是事實。近年來，臺灣茶更受到低價外來「臺式烏龍茶」（泛指東南亞的進口茶）的大量入侵，嚴重擠壓國產本土茶的生存空間，導致國內消費市場「品牌錯亂」、「市場失序」等問題。目前臺灣茶發展已走到關鍵時刻，若不及早圖謀對策，極有可能完全失去競爭力。臺灣積極申請加入自由貿易協定（FTA）強化兩個或多個國家區域貿易實體間的貿易條約，目的在於促進區域經濟一體化，消除貿易壁壘，允許貨品與服務在國家間自由流動，這些經濟活動皆會影響布局茶葉的內外銷市場。

檢視國內茶產業遭遇問題及不穩定性，包括氣候變遷下影響茶樹生育、農業勞動力短缺、消費者飲食習慣的改變（重視食品安全及產品多樣化）及其他飲料的競合與替代性，茶產業必須再次以國家高度及衡度世界情勢，重新定位發展策略及布局，且整合產官學研朝向「本土化、科學化、國際化」來正視，並提出因應措施及做法。相關重要思維臚列如下：

（一）智慧茶園及智慧製茶

為降低因氣候變遷影響茶葉品質與產量，茶改場成功開發及整合智慧農業技術，包括：

1. 建立物聯網監測系統發展茶園調適技術，建立數位化茶園微氣象感測站，將氣象環境數據即時上傳，除同步應用發展調適技術外，農民可即時掌握氣象狀況，避免極端氣候影響茶葉生產。
2. 導入智慧管理技術，發展精準化茶園管理，利用環境監測系統開發茶園自動滴灌系統，可精準控制茶園需水量，乾旱來臨時，可降低茶樹枯死率。
3. 建立茶業專家決策系統，開發智慧標準化茶園，並建置「臺灣茶葉生產管理資訊平臺」，呈現全臺五大茶區監測茶園管理資訊，免費提供茶區氣象環境監測、氣象預測及預警、專家生產管理建議、茶樹生長預測等四大功能。未來，該平臺將導入雲端管理系統，並結合長時間蒐集茶葉生產資料大數據，藉由巨量資料分析及建立自動化專家決策系統，進行智慧化茶園管理及生產排程。
4. 開發智慧製茶以改善製茶過程缺工問題，茶改場運用製茶技術參數將製茶過程導入智慧化，將製茶經驗加以數據化，並導入機器自動學習。未來，智慧製茶設備可自動判斷茶菁條件及狀況，自動調整各項製茶參數進行最佳化的製茶步驟並加以模組化，以達製茶無人作業，降低人工成本及負擔，並可提高茶葉生產衛生等級及生產品質。

（二）採取精品茶與商用茶雙軌策略

臺灣號稱「烏龍茶王國」，雖然茶葉年產量占全世界不到 1 %，但以「先進的種植理念、優良的產製技術、良好的管理模式和優異的品質」是臺灣茶的競爭優勢。然而臺灣業者也把這新技術、新方向全盤外移到越南、中國、泰國及印尼等地，此一作爲將烏龍茶加工技術發揮到極致，發揚到全世界；另一方面卻是對臺灣茶的發展造成嚴重的衝擊。目前臺灣茶業的發展面臨最大的問題是「高產製成本」，這是導致臺灣茶失去競爭力的關鍵主因。過去臺灣茶引以爲傲的競爭優勢，如品種選育、產製技術和良好的品質等，由於容易被「取代、外流、複製」，在殘酷的茶葉市場上，不僅無法阻擋低成本產茶國家的競爭，甚至造就今天臺灣茶的發展包袱。

因此，面對殘酷的茶葉競爭市場，臺灣茶未來發展的策略，首要應跳脫傳統以「品種、技術、品質」爲重的保守思考模式，改以「精品茶與商用茶並進，著重管理與行銷及國際市場開發」的發展策略。在精品茶部分，以在地化的獨特的口感及風味，配合食農教育的推動，以在地故事及文創，走高價精品策略；在商用茶部分，特別是新興泡沫茶飲原物料的話語權與供應鏈的掌握，加上運用拼配技術，使臺灣成爲世界烏龍茶飲供應中心是當前重要課題。

（三）建立產地標章與有機、產銷履歷標章之溯源制度

近年來常有媒體報導，許多不肖商人以低價進口「臺式烏龍茶」混充或假冒臺灣高山烏龍茶或比賽茶出售，欺騙消費者，嚴重影響臺灣茶之聲譽，引起農政單位高度重視。目前臺灣茶葉種植面積主要集中在南投、嘉義、新北、桃園等縣市，約占總面積 78 %；進一步分析，民國 110 年（2021）全臺種植面積達 1,000 公頃以上的鄉鎮，包括南投縣名間鄉（2,080 公頃）、竹山鎮（1,325 公頃）、鹿谷鄉（1,268 公頃）及仁愛鄉（1,206 公頃）四個鄉鎮，約占總面積 48 %。茶改場於民國 110 年（2021） 11 月 5 日申請「茶葉中多重元素檢驗方法」通過衛福部食藥署公開建議檢驗方法，針對不同國家產地茶葉中礦物質元素含量特徵不同據以判別，其判斷準確率可達 98 %以上。旋即於市售場域及各茶區比賽場進行抽檢，將檢驗出含有境外茶之茶品移送檢調進行行政稽查及發布結果，已達實際裁罰效果。

行政院農業委員會積極推動國產茶溯源制度可讓消費者對農產品從生產到製造及販售等階段皆可查詢，資訊完全公開透明，也就是藉由第三方驗證國產農產品，並依農產品生產及驗證辦法，自民國 112 年（2023）1 月 1 日起標示原產地爲臺灣者，必須有有機產銷履歷或溯源農糧產品條碼（QR Code）標章等三者其中之一。

積極替消費者把關食用安全（包括農藥殘留檢驗），讓消費者買得安心、吃得放心。有鑒於產地證明標章與有機、產銷履歷標章兼具提升產品價值與形象、開拓國內外市場知名度與商機、維護生產者與消費者權益等功能，更能促進經濟與產業發展及提高國際名聲與保護商譽等意義，值得中央及地方政府聯合相關團體整合資源積極辦理。

精品茶則可從「量與質」的管控做起，從詳細調查各茶區茶農種植面積、產量，尤其針對初級加工廠的溯源制度，即可充分掌握茶菁的數量及製造初製茶乾的數量，並向消費者宣導購買有經相關單位（產官學組成）認證過的統一標章，才是眞正的臺灣特色茶，另可讓進口茶無法仿冒本土特色茶，此方法非常適合目前自產自製自銷的小農朝向精緻茶莊發展。

（四）強化溝通與國際化

臺灣茶不能再以各說各話的「茶烏烏（臺語）」來表述，而跟新世代消費者的鴻溝必須建構一個溝通平臺，以一致性的語彙，讓生產者、銷售者及消費者能有相同的詞彙。茶改場於民國 109 年（2020）推出「臺灣特色茶風味輪（Taiwan Specialty Tea flavor wheel）」加強臺灣特色茶的識別度與推廣力道（黃等，2021）。同年茶改場以臺灣特色茶風味輪爲基礎，開發出新的茶葉評鑑制度，稱爲「臺灣茶分類分級系統」（Taiwan-Tea Assortment & Grading system, TAGs）（楊等，2021），結合產地證明標章及有機或產銷履歷驗證，達到產地明確、產品安全、消費者安心的三贏局面，並以風味輪系統，補足茶葉分級後之風味敘述，期能一次解決「安全、國產及產品分類分級」的問題，形成一個可供國內外愛茶人士深入了解臺茶並安心購買之系統，建全臺灣茶產業發展。

（五）由供應鏈提升爲價值鏈平臺

邀集茶農、茶廠、茶商等業界，從計畫生產、加工、產品分級到行銷做好整體溝通與協調，即「農民要按照市場需求從事生產」，透過和加工業者、通路、行銷端的溝通、媒合，農民可以預先知道自己要生產出什麼樣的產品、種多少、銷到哪裡，不要等到採收時才找通路，才能達到穩定收益的目標；而茶廠及茶商則應扮演好加工製造及行銷市場的本分。透過產銷策略聯盟可使國內外大訂單能有效完成供貨，達到穩定品質與數量的商業化需求，將單打獨鬥的「茶葉」變爲有競爭力的「茶業」。另外，若能建立一個茶葉的供應平臺，將各種不同茶類的品項及數量進到一個平臺上，在數量、價格及配合產銷履歷標章、產地證明等清楚揭露，相關資訊透明的情況下將有助於通路商的採購，有效擴大市場占有率，達成產品差異化，提高產品市場價值。

四、結語

臺灣由傳統烏龍茶，經過先民不斷創新改進，相繼推出條形包種茶、球形烏龍茶（高山烏龍茶、凍頂烏龍茶）、鐵觀音茶、東方美人茶及紅烏龍茶等，成爲代表臺灣的特色茶，差別不只是發酵程度的輕重，更是在加工的基本製程要求中，對於萎凋、攪拌、炒菁、揉捻、乾燥等重要步驟的用心與堅持。

臺灣茶是現有生產的農產品中，具有悠久外銷歷史及文化背景，並具備外銷國外市場競爭力的旗艦產品之一。進一步評估國產紅茶、綠茶的產製，其不論是栽培面積、產量、品質和生產成本等條件，已不再是臺灣外銷茶類的主流；而球形烏龍茶等的生產，將會是我國立足於國際茶葉市場最大的本錢，亦是最具競爭能力的茶類。另部分臺商爲了短暫商機，讓國內品種、產製技術外流，造成臺式烏龍茶逐年增加使得國產茶競爭力流失。基此，建議應立法針對品種權及具專利的加工技術必須嚴加管理，若有違反規定者，甚至課以刑罰。

在全世界都注重食安及產地特色化產品時，能夠提供消費者「安全、安心」的食材，就是王道。我們不能墨守於現有的國內市場，臺灣茶的發展必須內外銷並進，即利用現有的產製設備與人力，將國內部分荒廢的茶區重新復耕新植，推動國內精品茶市場規模；另一方面持續規劃商用茶飲專業區，推展多樣化的特色茶類和產品，將臺灣製烏龍茶飲推向國際市場。未來，國產高級茶可朝內外銷市場推展，而商用茶規格則朝罐裝茶和泡沫茶飲市場，讓臺灣成爲國際烏龍茶及泡沫茶飲供應中心，如此臺灣茶才能持續掌握話語權及永續經營。

五、參考文獻

1. 中國茶葉研究社譯。1992。台灣茶葉之栽培與製造。茶葉全書。pp. 167-174。茶學文學出版社。（原作者：William H. Ukers；原著出版年：1935）
2. 吳聲舜。2012。台灣新興特色茶—紅烏龍介紹。農政與農情 235: 94-96。
3. 林滿紅。2001。茶、糖、樟腦與台灣之社會經濟變遷。p. 2。聯經出版社。
4. 姚國坤、程啟坤、王存禮。1991。中國茶文化。上海茶文化出版社。
5. 徐英祥譯。1995。台灣之阿薩姆種茶樹的栽培與製造。台灣日據時期茶業文獻譯集。pp. 101-154。臺灣省茶業改良場。（原作者：渡邊傳右衛門；原著出版年：1943）
6. 張瑞成。2009。酵素茶的魅力—台灣烏龍茶。pp. 74-88。
7. 許賢瑤、林惠鶯譯。1991。茶事遍路。茶學研究小組。（原作者：陳舜臣；原著出版年：1988）
8. 黃正宗、蘇宗振。2021。茶改場 118 周年與魚池分場 85 周年慶推動「本土化、科技化、國際化」的茶飲產業。茶業專訊 118: 1-3。
9. 黃宣翰、楊美珠、蘇宗振。2021。臺灣特色茶風味輪。臺灣茶葉感官品評實作手冊。pp. 86-103。五南圖書出版股份有限公司。
10. 楊美珠、黃宣翰、蘇宗振。2021。臺灣茶分類分級系統 TAGs。臺灣茶葉感官品評實作手冊。pp. 106-124。五南圖書出版股份有限公司。
11. 臺灣區製茶工業同業公會。2004。臺灣茶業的轉變與各類茶葉的興衰。臺灣區製茶工業同業公會成立五十週年慶專輯—臺灣製茶工業五十年來的發展。pp. 39-46。臺灣區製茶工業同業公會。
12. 劉澤民。2008。從《臺灣總督府公文類纂》談臺灣最早種茶的年代與地點。國史館臺灣文獻館電子報第 14 期。

▼ 附表 1-1　臺灣製茶技術發展沿革補充說明

製造茶類	大約時期（西元）	內容紀要（製茶技術為主，輔以植茶資訊）
原生山茶	1717	《諸羅縣誌》（1717 年）略以，「臺灣中南部地方有野生茶樹，附近居民採其幼芽，簡單加工製造，而作自家飲用。」
烏龍茶	1810	1. 臺灣種茶之歷史應可上推到清乾隆（1785 ～ 1795 年），而最早種茶之區域應該是今日深坑與木柵區域（劉，2008）。 2.《臺灣通史》記載嘉慶 15 年（1810）柯朝氏從福建武夷山引入茶籽，開啟臺灣北部大規模種茶製茶，正式文獻記載。 3.《淡水廳誌》載有「石碇拳山（今之文山）二堡居民多以植茶為業，道光年間各商運茶往福州售賣…… 」，推測應更早於清道光元年（1821 年）前即自中國引進製法。
臺灣創製—港口茶	1875	1875 年恆春知縣周有基引進茶秧種植，因強勁的落山風未能成功，後移於滿州鄉港口村山坡上以播種方法種植成功。因鄰近海洋，日照強烈、少雨及落山風，加上特殊加工方法為特色，依發酵程度應歸類於烏龍茶，為仿鐵觀音製法改良烘焙而成，茶葉外觀呈灰白色。
薰花包種茶	1873	1873 年因遇上經濟大蕭條，臺灣烏龍茶外銷滯銷，改送往福州製造薰花包種茶，以解決產銷問題（以烏龍茶賦予不同花香）。
	1881	1881 年福建同安吳福源（吳福老）在臺開設「源隆號」茶廠，製造薰花包種茶，是年臺灣包種茶首次輸出，問世海外，為臺灣開創精製包種茶之先河。
鐵觀音茶	1895	1.「鐵觀音茶」在清雍正年間（1723 ～ 1735 年）於安溪始創，安溪茶人隨即推廣。 2. 臺灣的鐵觀音茶樹於 1895 年由木柵製茶師張迺妙由福建安溪引進。後續由木柵區長的文山茶業公司負責人張德明與張迺妙一同至安溪，再購回 3,000 株鐵觀音茶苗，分送給木柵區的茶農種植。文山茶業公司曾聘請製茶師前來教授製造鐵觀音技術。 3. 新北市石門區 1960 年代後，以硬枝紅心品種茶樹製成鐵觀音茶，稱為石門鐵觀音茶。
紅茶（小葉種）	1904	1903 年臺灣總督府民政部殖產局安平鎮製茶試驗場成立，當年即裝設紅茶大型傑克遜揉捻機，1904 年以小葉種紅茶葉試製漢口式紅茶，1906 年有小量出口。
臺灣創製—白毫烏龍（東方美人茶）	1911～1920	製茶起源可能源於日治時期的客家庄（約在 1911 ～ 1920 年間），1920 年後漸成為外銷烏龍茶等級最高者。因東方美人是臺灣本土研製且獨有的特色茶類，其品種以青心大冇為主，特別是茶菁需採自受小綠葉蟬刺吸（著蜒）的幼嫩茶芽製成，具天然的蜜糖香或熟果香，滋味圓柔醇厚。
臺灣創製—條形包種茶（分南港、文山式）	1912	1885 年祖籍福建安溪王水錦和魏靜時兩位先生，至臺北七星郡內湖庄山坡地（今南港舊莊）開闢茶園從事茶業之產製研究。大正元年（1912）年左右研製茶葉自然發酵生成花香的素包種茶製法成功，並將技術傳授鄉人，推廣製造素包種茶，為南港包種茶的起源。大正 5 年（1916），日人於栳寮（今舊莊街二段 10 號）設包種茶產製研究中心，聘魏靜時任茶葉巡迴講師。

製造茶類	大約時期（西元）	內容紀要（製茶技術為主，輔以植茶資訊）
紅茶（大葉種）	1926	1. 1925 年引進印度阿薩姆大葉種茶樹種子，1926 年種植於平鎮茶試所苗圃及臺中州魚池庄蓮華池中央研究所試驗地種植。 2. 1928 年三井合名產物株式會社將臺灣紅茶以「Formosa Black Tea」名義送至倫敦、紐約銷售，造成轟動，認為品質足與印度、錫蘭紅茶相抗衡。 3. 1936 年設魚池紅茶試驗支所，專事阿薩姆種栽種、製造試驗及育種推廣工作。
臺灣創製—球形烏龍茶	1939	1. 大稻埕福記茶行王泰友與王德兩先生所傳授，於 1939 年在南投縣名間鄉以安溪鐵觀音茶之布巾包法，傳授布球茶之製造技術。 2. 1941 年擴及到凍頂，1950 年名間鄉開始利用布球團揉生產半球形包種茶（為球形烏龍茶前身），1970 年代逐漸擴及鄰近茶區。1976 年鹿谷鄉舉辦首屆高級凍頂烏龍茶比賽及展售會要求參賽外觀必須為半球形，加上各地優良茶比賽和促銷活動逐漸帶動飲用的風潮。
炒菁綠茶	1949	1. 1948 年上海綠茶商人殷子白、汪裕泰及唐季珊轉進臺灣做綠茶生意，於新埔、竹東、關西、湖口和楊梅找 12 家廠商傳授中國炒菁綠茶（珍眉、珠茶）製造方法，1949 年出口 1,197 噸。 2. 1949 年中國淪陷後，大批軍公教人員來臺，為供應炒菁綠茶之嗜好，於三峽找青心柑仔製造龍井茶及碧螺春提供飲用。
蒸菁綠茶	1965	1965 年由日本引進設備及技術，1973 年全省有一百二十餘家煎茶工廠。外銷日本 12,000 噸，為外銷日本的黃金時代。
清香型烏龍茶（高山烏龍茶）	1981	1. 民國 50 ～ 60（1961 ～ 1971）年代茶區開始中南部及東部山區拓展。 2. 民國 70 年（1981）茶業改良場推出茶樹新品種臺茶 12 號（金萱）和臺茶 13 號（翠玉）。 3. 民國 71 年（1982）廢除「臺灣省製茶業管理規則」，鼓勵茶農自產自製自銷，為追求品質與特色，國內茶區逐漸由低海拔往高海拔發展。
臺灣創製—蜜香紅茶	2005	茶改場東部分場自民國 89 年起即開始嘗試研製各種不同發酵程度之蜜香茶系列產品，探討最適製造技術與方法，其中「蜜香紅茶」推廣最為成功。
臺灣小葉種紅茶研發及推廣	2006	2006 年茶改場中部分場開始研發小葉種紅茶之製造，於 2016 年正式技轉推廣至各茶區。
臺灣創製—紅烏龍茶	2008	茶改場東部分場時任吳聲舜分場長率團隊針對花東茶區生長特性研製，其特色為結合烏龍茶與紅茶之加工特點所新創製出來的特色茶。

備註：參考《臺灣製茶工業五十年來的發展》，由蘇宗振製表。

02

茶葉原料選擇——鮮葉成分、特性與適製性

文／賴正南、楊美珠

圖／賴正南

一、前言

茶改場自民國 58 年（1969）至 110 年（2021）已育種推廣臺茶 1 ～ 25 號等優良茶樹品種，每種品種均有其茶類的適製性。茶葉適製性是指在某茶區氣候生態條件下，所採摘的茶鮮葉原料較適合製成何種茶類（綠茶、包種茶、烏龍茶或紅茶），從而獲得最佳品質的特色茶。其中適製包種、烏龍茶品種眾多，當中不乏不僅用於製造包種、烏龍茶品種優異，製造其他茶類品質也適宜的品種，例如青心烏龍、青心大冇及臺茶 12 號。但目前有關茶葉原料適製性的文獻資料較少，本文旨在綜合整理當前相關資料，論述鮮葉主要化學成分及探討芽葉的品質特性與茶類的適製性，提供茶業界、茶農、消費者選擇適當鮮葉原料及製造品質優良特色茶之參考應用。

二、鮮葉主要化學成分

茶樹係多年生常綠喬木或灌木，野外自然生長的樹高可達 5 ～ 7 公尺，人工栽培者爲採摘管理需要，樹冠面控制在 60 ～ 100 公分高。茶樹是由根、莖、葉、花、果實和種子等器官構成，根、莖、葉爲營養器官；花、果實、種子爲生殖器官。營養器官的功能在負責養分、水分的吸收、運轉、合成、代謝和儲藏；生殖器官的任務，則在繁殖衍生後代（張，2010）。茶樹產量及品質的構成因子，均與茶菁的芽葉特性及內部的生物化學物質息息相關，這些因子主要受品種內在遺傳基因及外在環境的影響，就會顯現出很大的差異性。諸如：芽葉形狀大小、色澤、節間長短、葉片厚薄、茸毛的密度與長度、兒茶素類（Catechins）及胺基酸含量的多寡等而顯現出不同的差異（張，2003）。

構成茶樹有機體的元素有四十多種以上，其中維持正常生長發育所必要的元素有 15 種，包括：碳、氫、氧、氮、磷、鉀、鈣、鎂、硫、鐵、錳、硼、銅、鋅、鉬等。前 10 種需要量多，稱爲大量元素，後 5 種需要量較少，稱爲微量元素。近年來科學家認爲鋁和氟也是茶樹生長所需的。上列這些元素均在茶樹的生長發育過程中扮演著很重要的生理作用。

在茶樹的鮮葉中，水分約占 75 %，乾物質（或固形物）約爲 25 %左右。鮮葉的化學成分是由 4 ～ 7 %無機物和 93 ～ 96 %的有機物組成。到目前爲止，鮮葉中經分離、鑑定的已知化合物有七百多種，其中包括初級代謝產物（primary metabolites）——蛋白質、醣類、脂肪，以及茶樹中的次級代謝產物（secondary metabolites）——多元酚類、色素、茶胺酸、生物鹼、芳香物質及皀素等（阮，1999；張，2003）。

三、芽葉的品質特性與茶類的適製性

（一）芽葉的品質特性

1. 芽

芽是枝、葉、花的原始體。位於枝條頂端的芽稱爲頂芽，著生在枝條葉腋間的芽稱爲腋芽。頂芽和腋芽，統稱爲定芽。此外，還有生長在樹幹莖部的不定芽，又稱潛伏芽。新梢是由各種營養芽形成的，營養芽包括頂芽、腋芽和不定芽。茶芽的生長活動和它形成新梢的能力，不但在品種間或植株間有差別，甚至同一植株的同一枝條上，也不完全一致（陳，1995）。

具有經濟生產價値的新生幼嫩芽葉，統稱爲「採摘芽」。此種芽在採摘加工前一般叫做「茶菁」，是加工製成茶葉的基本原料。茶芽的發育因品種、樹齡、樹勢、氣候、土壤、海拔等條件而不同，其中尤以品種的特性、溫度及水分的影響最大。採摘芽依萌芽期早晚，可分爲早生、中生及晚生三種。早生在每年 3 月初即可採，中生、晚生則約晚 10 ～ 15 天（張，2010）。

茶樹葉序的計算有兩種方法，一種由新葉展開先後與形態加以區分，如初萌的新葉葉小且葉緣缺刻不明顯，稱爲魚葉，待葉片正常後才稱爲第幾枚本葉，此爲一種由下而上的計算方法。另一種則爲採摘茶菁方便而設定，諸如一心二葉、一心三葉等，此爲一種由上而下的計算方法（王，2005）。

放任自然生長的茶樹一年可抽 4 ～ 5 次梢，當新梢生長勢減弱，頂芽停止生長時，俗稱對口或駐芽。於低海拔茶區，然若經採摘，及早打破頂芽優勢，則茶樹一年可抽 5 ～ 7 次梢。季節間因溫度、雨量、日照長短等因素會造成芽葉生長速度的不同，一般春季展開一枚葉片約需 5 ～ 7 日，夏、秋季 3 ～ 5 日，冬季則約 5 日，又稱爲春、夏、秋、冬梢（茶），可依此特性來預估採收期（陳，1995）。於高海拔茶區每年採收 2 ～ 4 次，海拔愈高，因氣溫較低，茶芽生長速度較慢且適合茶芽生長時期較短，可能僅採收 3 季（春夏冬），甚至僅採製春、冬二季。

春茶爲清明節到夏至前所採的茶（4 月上旬至 5 月中旬）。樹體經過冬季低溫休眠後，因根部澱粉轉爲可利用性醣類，及蛋白質分解爲可利用性胺基酸的量較多，並大量向地上部輸送；且樹冠面經過冬季修剪後，芽數減少並統一芽齡，在溫度適中，日照增長，水分、養分充足的條件下，一般生長良好的春梢，當產出 6 ～ 7 枚正常葉片後，才會發生對口；又因新葉持嫩性高，故產量較其他季節爲高，且芽葉肥壯，色澤翠綠，葉質柔軟，香氣濃郁，滋味鮮爽甘醇。

夏茶因日照充足，溫度高，新葉生成所需的時間短，故新葉生成數仍多；不過茶芽容易老化。夏梢實際上分爲兩次生長，即夏梢與六月白，兩者的生長發育過程經常混成一體，不過若仔細觀察，將可發現：兩次抽梢之間，仍存著節間縮短、缺葉或葉小等特徵（王，2005）。由於天氣炎熱，茶樹芽葉生長迅速，能溶解於茶湯的浸出物相對減少，使得風味不及春茶鮮爽，而夏茶所含兒茶素類及咖啡因較高。因此，茶葉滋味較爲苦澀。但酵素活性亦高，因此，製造紅茶其發酵度較高及品質較佳。

入秋後，根群功能逐漸降低，且日照長度漸短，雖然日照與溫度尚佳，茶樹新梢生長量仍不錯，但抽梢較短且萌芽數已減少。部分茶區可抽梢兩次，即秋茶與白露茶。品質介於春茶與夏茶之間，茶樹經春夏兩季生長採摘，芽葉之內含物質相對減少，茶葉滋味、香氣顯得比較平和。

南投縣名間及竹山茶區於秋分後所採製茶葉第一次稱冬茶（立冬前後），第二次稱冬片（冬至前後）。冬茶芽體萌動期，未展葉易受溫度驟降的傷害，輕則可減少能形成的葉片數，因而降低產量；重則甚至會發生長短梢，造成採收上的困難（王，2005）。因茶芽生長時，氣溫漸低，茶芽中多元酚類成分減少。因此，製成清香型部分發酵茶，香氣細膩少苦澀爲其特點。

2. 葉

葉片是茶樹進行光合作用、蒸散作用及氣體交換的主要器官。無托葉，單葉互生，多鱗片，可分爲魚葉和眞葉兩種。一般所稱的葉片是指眞葉，因爲魚葉（胎葉）是發育不完全的葉片，眞葉則屬於完整的葉片，是由葉柄、葉基、葉緣、側脈、主脈、葉肉（含上表皮及下表皮）、葉尖等組成，其形狀有披針形、橢圓形、長橢圓形、卵形等。葉色有黃白、黃綠、淡綠、綠、紫綠、紫色之分。葉面具有蠟質且多光澤。每一成熟葉片的壽命大約爲 324 天（張，2010）。

茶樹有許多常用的早期選拔指標，例如茶芽顏色、茸毛，除此之外，其他芽葉性狀亦被用來作爲育種之早期選拔指標，例如百芽重、葉面積、節間長及節間徑等（李，2008）。馮和沈（1990）研究指出葉長、葉寬及葉面積（測第三葉面積，指葉長 × 葉寬 × 0.7）與烏龍茶及包種茶之香味以及紅茶之外觀形狀呈顯著負相關，但與紅茶茶湯色澤呈顯著正相關。

葉面有的平滑，有的隆起。隆起的葉片，葉肉生長旺盛，是優良品種特徵之一。芽和葉背均具有茸毛，茸毛特性可作爲茶葉品質的選拔指標，茸毛形狀、長度和密度分布範圍，因品種不同而異，且與茶葉品種有密切的相關（張，2003）。如青心大冇、青心柑仔、臺茶 12 號、臺茶 14 ～ 17 號的芽即滿披茸毛；一般春季萌發的芽葉比夏季萌發的芽葉茸毛多。

一般小葉種（*Camellia sinensis* var. *sinensis*）葉片柵狀組織層數有 2 ～ 3 層，如青心烏龍有 2 層，而大葉種（*Camellia sinensis* var. *assamica*）只有 1 層，如臺茶 8 號。因此，由柵狀組織層數可作爲大葉種與小葉種分類的依據。而臺灣原生山茶（*Camellia formosensis*）目前茶改場所收集之 11 個品系柵狀組織大部分爲 1 層排列，如眉原山茶、永康山茶，僅有少部分有 1、2 層穿插排列或 1 ～ 3 層排列（陳等，2008）。

（二）茶類的適製性

茶樹品種很多，如何選擇適合栽植的優良品種，對茶園經營者影響甚大，而依據品種特性加以分類，能使栽培者更有效地認知，以提高生產效率，其分類方式包括：以血緣分、依適製性分、依樹型分及以春茶產期分等（陳，2002）。回顧臺茶發展歷史，在民國 60 年代（1971）之前，以外銷爲主，茶類則以紅茶、綠茶爲大宗，故選育之品種主要爲適製綠茶、紅茶之品種，包種茶、烏龍茶爲輔，具體育種成果包括：民國 58 年（1969）登記命名臺茶 1 、2 、3 及 4 號等四品種；民國 63 年（1974）登記命名臺茶 5 、6 、7 及 8 號等四品種；民國 64 年（1975）登記命名臺茶 9 、10 及 11 號等三品種；之後由於產銷環境改變，茶葉由外銷轉為內銷，茶類亦以適合國人口味之部分發酵茶包種茶（烏龍茶）為主。因此，育種目標也隨之調整，改以選育適製部分發酵茶類之品種，從此推出之新品種大都為適製部分發酵茶之優良品種，其中包括：民國 70 年（1981）登記命名之臺茶 12 、13 號，民國 72 年（1983）登記命名臺茶 14 、15 、16 及 17 號等四品種，在這些新品種中，市場接受性最高的，以臺茶 12 、13 號栽培面積最大，主要原因為此二品種品質風味獨特、樹勢強、產量高、適應性佳，故深受茶農及消費者喜愛（徐和阮，1993）。

茶樹品種的適製性是形成茶葉優良品質的前提。「適製性」（manufacturing adaptability 或 appropriateness of processing 或 manufacturing suitability）係指某種茶樹品種只適合用來製造某種茶類，否則香氣滋味會受影響。例如臺茶 7 、8 、18 、21 號及 Assam（均為大葉種）等適合用來製造紅茶（圖 2-1），因為大葉種黃烷醇類（flavanols，包含兒茶素類）含量高於小葉種。因此，若以大葉種製成不發酵的綠茶，則會相當苦澀。

圖 2-1　臺茶 18 號—適製高級紅茶。

臺灣茶樹品種依適製性分類可分為 5 類，列舉目前常見品種如下（陳，2002）：

1. 適製綠茶：青心柑仔、臺茶 12 號（圖 2-2）、青心大冇等。茶改場新育成之臺茶24號則具有濃郁之蕈菇味，臺茶25號因富含花青素（Anthocyanidin），製成綠茶沖泡後，加入酸液湯色爲粉紫色。

2. 適製清香型條形包種茶或清香型球形烏龍茶、焙香型球形烏龍茶（凍頂烏龍茶、紅烏龍茶）：青心烏龍、臺茶12、13、19、20、22號及四季春等。
3. 適製焙香型烏龍茶（鐵觀音茶）：鐵觀音、臺茶12號、硬枝紅心、武夷及四季春等。
4. 適製東方美人茶：青心大冇、臺茶12、17、20、22號及青心烏龍等。
5. 適製紅茶：大葉種品種如臺茶7、8、18、21、25號及小葉種品種如臺茶23號或夏秋季小葉種茶菁原料等。

圖2-2 臺茶12號—適製性廣。

以下分別從茶樹嫩梢的物理及化學特性說明茶樹品種的適製性與茶葉品質的關係：

1. **茶樹品種適製性的物理特性**

茶樹品種的物理性狀影響著茶葉的形、色、香、味等。從目前的研究結果顯示，影響茶葉適製性的主要物理特性是樹型、芽葉大小、芽葉色澤及芽葉上的茸毛。

(1)樹型、芽葉大小與茶樹品種適製性：一般喬木型茶樹之葉片多元酚類含量較豐富，尤其酯型兒茶素類含量特別高，製紅茶品質較好；而灌木型茶樹茶葉之多元酚類含量往往比喬木型低；茶樹品種的葉片大小與茶多元酚類含量呈正相關性，葉片較小的品種，茶多元酚類及兒茶素類含量較低，製綠茶品質較好。以製造條形包種茶而言，由於茶葉形狀係經由揉捻所得，揉捻後條索愈緊結，外形得分愈高。因此，在相同的採摘條件下，葉片愈大、愈厚，所製成之成茶形狀愈差。不過，此項品質因子，可經由控制茶菁採收成熟度及揉捻的方法、壓力與時間加以改善（陳和蔡，2003）。

⑵芽葉色澤與茶樹品種適製性：茶樹有許多常用的早期選拔指標，例如茶芽顏色很早就被發現與包種茶的適製性有密切關係，但芽色之判定在田間操作並無一套快速而有效的方法，故常成爲育種者經驗法則。由試驗研究顯示，茶樹茶芽性狀與包種茶品質之關係，因製程較複雜且易受環境或加上製造者製茶技術及製造者本身之身、心狀況的影響下，相對較不穩定，而化學成分則與包種茶品質相關性較高，似乎可作爲茶樹育種早期選拔指標之另一參考因素（李，2008）。試驗研究顯示，嫩芽爲深紫或帶黃者不宜做綠茶，但做紅茶則較佳，因爲一般此兩種芽色之嫩梢多元酚類與花青素含量高，僅適製紅茶；製造綠茶時無論色澤、水色、香氣、葉底均差。適製綠茶之品種（系）則以葉色綠且葉片內葉綠素含量高者爲佳（陳，2006）。茶改場東部分場以品種園之 10 年生茶樹品種進行試驗，調查結果顯示，不論葉綠素 a、b 或總量均以深綠色系品種有較高的含量，而且隨葉片綠色漸淺而下降，可溶分、兒茶素類及咖啡因含量則隨葉片綠色加深而降低；但總游離胺基酸及可溶性糖含量則呈相反之趨勢。因此，綠茶品質以深綠色者較淺綠色系品種爲佳，而且葉色與綠茶品質有顯著正相關（鄭，1990）。

於民國 110 年（2021） 4 月 26 日茶改場命名通過的臺茶 25 號，則有別於之前命名的臺茶系列茶樹品種，此品種因富含花青素，其製成綠茶之茶湯呈天然粉紫色，透過調製可使飲品呈現多種繽紛色彩變化，極具應用在手搖飲品開發之潛力；該品種除適製紅茶與綠茶之外，並可應用於庭園景觀栽培與綠美化，兼具環境美化功能及居家手工製茶體驗之樂趣；同時滿足業者及消費者對追求產品多樣性及飲茶時求新求變之需求，可兼具「農業生產」、「園藝綠化」及「食品加工原料」等多元用途之茶樹新品種（黃和蘇，2021）。

⑶芽葉茸毛與茶樹品種適製性：茶葉中茸毛（pubescence）又叫毫毛（trichome）。主要分布在新芽及嫩葉背部，初生的茸毛是表皮細胞分化而成，初為活細胞，外側為厚質細胞壁。由於茸毛內含有多量多元酚類及胺基酸，此兩種物質與茶葉水色與香氣均有關係，故茸毛的多寡可作為選種的重要指標。例如外觀上需要白毫之東方美人茶、白毫銀針等茶，茸毛與外觀有極佳的正相關（陳和蔡，2003；陳，2006）。

2. 茶樹品種適製性的化學特性

茶樹品種與茶葉品質密切相關，品種決定鮮葉內含成分組成，茶葉主要品質成分含量的高低是其茶類適製性與品質優劣的物質基礎。為篩選各類茶之適製茶樹品種，通常會進行生化成分和感官品評分析比較，其中理化指標分析項目為：可溶分、多元酚類、游離胺基酸、咖啡因含量及酚胺比值（陳，2002；陳，2006）。

⑴可溶分

可溶分是茶葉中能溶於水的物質總稱，是茶葉品質的綜合表現，可溶分含量的測定是鑑定茶葉滋味濃醇度和茶葉耐泡性的常規指標，一般為 2 ～ 4 成其含量在一定程度上反映內含成分的多寡以及茶湯滋味的厚薄和濃淡，與茶葉品質呈正相關。

⑵多元酚類

一般茶葉乾重含 10 ～ 30 %之多元酚類，其中兒茶素類約占 80 %，即一般茶葉約含 8 ～ 25 %之兒茶素類。兒茶素類在製茶過程中易氧化生成烏龍茶質類（theasinensins，或稱聚酯型兒茶素類）、茶黃質類（theaflavins）與茶紅質類（thearubigins）等發酵（氧化）產物。這些成分是構成發酵茶類黃、紅、褐色主要物質。兒茶素類之含量主要受製造過程（發酵與否）之影響，亦受產季、品種、部位、栽培等因子影響。蔡等（2004）就臺灣 9 種主要栽培茶樹品種所製造的綠茶之兒茶素類含量以及其抗氧化能力的分析結果顯示，總兒茶素類含量最低之樣本為青心柑仔春茶（6.6 %），最高含量品種為臺茶 8 號夏茶（21.8 %），兩者差 3 倍多。青心柑仔為適製綠茶品種，而臺茶 8 號為適製紅茶品種，適製綠茶品種之兒茶素類含量通常較適製紅茶品種低。一般茶葉，通常兒茶素類含量愈高，相對較為苦澀，青心柑仔之所以滋味較鮮醇不苦澀，應與低兒茶素類含量有相關。

⑶胺基酸

胺基酸是茶葉中具有胺基和羧基的有機化合物，是茶葉中的主要化學成分之一。茶葉胺基酸的組成、含量以及它們的降解和轉化產物直接影響茶葉品質。茶湯的鮮味主要來自於胺基酸，同時胺基酸在茶葉加工中參與茶葉香氣的形成。茶鮮葉中胺基酸含量一般在 2 ～ 4 %（乾重）之間，其中以茶胺酸（theanine）含量最多，主要存在於茶梗中，在適製綠茶的茶樹品種中含量特高（陳，2010）。蔡等（2004）試驗結果顯示春季胺基酸含量愈多，滋味愈甘醇，因而品質愈好。臺茶 19 號胺基酸含量與臺茶 12 號相同（2.2 %），較青心烏龍（2.0 %）爲高，臺茶 20 號則低於臺茶 12 號及青心烏龍。臺茶 19 號製造包種茶其色澤翠綠，水色蜜綠亮麗，幽香且滋味甘滑。臺茶 20 號製造包種茶，其色澤鮮綠，水色蜜黃清澈，香郁而味強。

⑷咖啡因

一般而言，茶中咖啡因與多元酚類的分布狀態類似，會隨茶芽生長部位的不同而有差異（陳，2010）。咖啡因是茶葉中含量最多的生物鹼，也是茶葉重要的滋味物質之一，其與茶黃質類以氫鍵結合後形成的複合物具有鮮爽味。因此，茶葉咖啡因含量也常被看作影響茶葉品質的一個重要因素，茶葉中咖啡因的含量在 2 ～ 4 % 左右。蔡等（2004）就臺灣 9 種主要栽培茶樹品種所製造的綠茶之咖啡因含量的分析結果顯示，不同栽培品種咖啡因的含量，除了 3 個大葉種品種明顯高於其他 6 個小葉種品種外，其他並未有明顯差異。所有茶樣咖啡因的含量介於 1.4 ～ 3.4 %，平均含量爲 2.1 ± 0.6 %，最低含量爲青心大冇春茶，最高含量爲臺茶 18 號夏茶。

⑸酚胺比

酚胺比是指茶多元酚類含量與胺基酸含量的比值，是衡量茶葉適製性的重要指標。據研究顯示，酚胺比在 10 ～ 20 可作爲紅綠茶兼製品種的選擇指標。一般認爲，適製綠茶的品種要求胺基酸含量較高，而茶多元酚類含量較低，酚胺比值較小；適製紅茶的品種要求多元酚類含量較高，而胺基酸含量相對較低，酚胺比值較大；相對上述兩者而言，適製包種茶品種胺基酸及多元酚類含量要求較爲適中（李，2008）。

⑹多元酚氧化酵素活性

不同品種鮮葉的茶多元酚類含量及多元酚氧化酵素（Polyphenol oxidase, PPO）活性不同。一般，鮮葉中兒茶素類含量和多元酚氧化酵素活性高，製成的紅茶品質一般較好。雖然一般嫩梢（一心二葉）中多元酚氧化酵素的活性較強者，適製紅茶、重發酵茶，反之則適製綠茶、輕發酵茶；不過目前並沒有絕對性的指標，只能依照同一族群內各品系間相對的活性，作一初步的判斷。此外，酵素的活性受季節與栽培管理影響極大，夏季高溫，強日照及乾旱都可提高其活性（陳，2006）。

四、結語

理論上，任何品種的茶菁在經過特定茶葉製造方法處理即可製成預期產製的成茶。但是，在實務上，由於茶葉是一項商品，基於商業經營的要求，必須具備若干風味品質上爲消費者認同的產品特徵。茶葉商品特徵的產製，需要氣候環境、土壤、茶樹品種、加工技術及流程設備等條件的相互配合。若以不適合的品種來製造特色茶，即便是各茶區專業師傅以最嫻熟純正的技術製茶，由於此品種含有高量的某類化學成分，將導致所得成茶的色、香、味等品質風味與眞正的特色茶迥異，可能讓消費者無法接受。因此，製造特色茶時，應充分了解茶樹品種特性及其適製性，進行適當之加工，方能產製品質優良之茶品。

五、參考文獻

1. 王為一。2005。茶樹生長與發育。茶作栽培技術。pp. 39-44。行政院農業委員會茶業改良場。
2. 李臺強。2008。茶樹育種快速選拔指標鑑定方法之研究。臺灣茶業研究彙報 27: 1-14。
3. 阮逸明。1999。茶葉的保健功效。茶業技術推廣手冊－製茶篇。pp. 108-113。臺灣省茶業改良場。
4. 徐英祥、阮逸明。1993。臺灣茶樹育種回顧。臺灣茶業研究彙報 12: 1-18。
5. 陳右人。1995。茶樹生長與發育。茶業技術推廣手冊－茶作篇。pp.89-98。臺灣省茶業改良場。
6. 陳右人。2002。茶樹品種與育種介紹。茶作栽培技術。pp. 6-11。行政院農業委員會茶業改良場。
7. 陳右人、蔡俊明。2003。茶樹芽葉性狀與條型包種茶茶葉品質之關係。中國園藝 49(3): 259-266。
8. 陳右人。2006。臺灣茶樹育種。植物種苗 8(2): 1-20。
9. 陳英玲。2010。茶葉的化學成分與保健功能。台灣的茶葉。pp. 118-133。遠足文化事業有限公司。
10. 陳柏儒、邱垂豐 、林金池、葉茂生。2008。台灣山茶收集系葉片、葉柄及莖組織學變異的研究。臺灣茶業研究彙報 27: 15-40。
11. 黃正宗、蘇宗振。2021。茶改場118周年與魚池分場85周年慶推動「本土化、科技化、國際化」的茶飲產業。茶業專訊 118: 1-3。
12. 張清寬。2003。茶樹育種與栽培之回顧與展望。臺灣茶葉產製科技研究與發展專刊。pp. 51-68。行政院農業委員會茶業改良場。
13. 張清寬。2010。茶樹的一生。台灣的茶葉。pp. 44-48。遠足文化事業有限公司。
14. 馮鑑淮、沈明來。1990。茶樹育種提早選拔指標之研究II－品種芽葉農藝性狀與產量及綠茶兼包種茶以及紅茶品質之關係。臺灣茶業研究彙報 9: 7-20。

15. 鄭混元。1990。葉色及葉綠素含量與綠茶品質之關係研究。臺灣茶業研究彙報 18: 77-84。

16. 蔡俊明、張清寬、陳右人、陳國任、蔡右任、邱垂豐、林金池、范宏杰。2004。2004 年度命名茶樹新品種臺茶 19 號及臺茶 20 號試驗報告。臺灣茶業研究彙報 23: 57-78。

17. 蔡永生、劉士綸、王雪芳、區少梅。2004。台灣主要栽培茶樹品種兒茶素含量與抗氧化活性之比較。臺灣茶業研究彙報 23: 115-132。

茶葉製造技術理論

文、圖／林金池、郭婷玫、林義豪

一、前言

茶之利用經過歷代的發展與演進，早已由茶飲逐漸演變成一種嗜好與鑑賞結合的境界，更已超越了喝茶解渴的範疇。茶業發展至今，雖然全世界只有五十多個國家種茶製茶，但飲茶人口遍及全球。茶與咖啡、可可並列爲世界三大無酒精飲料，茶更是最受肯定，也是消費最廣、最多的。但追本溯源，世界各地的茶樹品種、製造技術及飲茶風氣等，都是直接或間接由中國傳播而來。臺灣地理、氣候及環境非常適合茶樹生長，有關茶樹的栽培管理及茶葉製造已有二百多年的歷史，是世界馳名的茶葉產區，產製包括綠茶、包種茶、烏龍茶及紅茶等，其中以烏龍茶及包種茶盛名遠播。臺灣在部分發酵茶的專業產製技術領域已享譽中外，各地區產製的特色茶除了具有特殊的香氣之外，滋味甘醇更是深獲消費大眾的好評，其保健功效亦受到各界青睞，無形中也帶動臺灣烏龍茶產業新的發展。

臺灣在日治時期，爲穩定紅茶供應，曾在臺灣大力發展紅茶，獎勵生產，特在南投縣魚池鄉成立紅茶試驗支所，使南投縣魚池與埔里茶區成爲臺灣紅茶產製的中心。二次世界大戰結束，臺灣光復，中央政府遷臺，再引進中國眉茶（炒菁綠茶）及日本煎茶（蒸菁綠茶）製造技術，分別產製眉茶及煎茶外銷非洲及日本，促進臺灣製茶工業快速發展，當時臺北及桃、竹、苗等縣爲外銷主力茶區，茶業一片欣欣向榮，最盛時期有四百餘家製茶工廠，日夜加工製茶外銷，賺取巨額外匯。根據紀錄，民國 43 年（1954）臺茶外銷總值約占當年全國外銷產品總值的 10 %，僅次於稻米居外銷產品之第二位，對臺灣光復後經濟復甦極具貢獻。

臺灣茶業產製技術雖源自中國福建，但 1960 年代之後在茶改場不斷研究改良提高品質，已自成一格，其外觀及風味與中國烏龍茶迥然不同。各茶區復依其產製環境之特性發展出各具特色之茶類，如臺北市木柵區鐵觀音茶、新北市文山包種茶及三峽碧螺春綠茶、桃竹苗等縣市之東方美人茶（白毫烏龍茶、膨風茶或椪風茶）、南投縣名間鄉松柏長青茶、鹿谷鄉凍頂烏龍茶、魚池鄉日月潭紅茶、宜蘭縣冬山鄉素馨茶、花蓮縣瑞穗鄉蜜香紅茶、臺東縣鹿野鄉紅烏龍茶，並有遍及各茶區之高山烏龍茶如嘉義縣大阿里山高山茶；南投縣竹山鎮杉林溪茶、信義鄉玉山茶、仁愛鄉合歡山高冷茶；臺中市和平區梨山茶；苗栗縣泰安、南庄；新竹縣尖石、五峰及桃園市復興區拉拉山等高山茶區。

二、不同茶類基本製造過程

茶葉種類繁多，臺灣與中國都是依據製茶過程控制不同發酵程度形成各具特色茶品而加以分類，臺灣分為不發酵茶、部分發酵茶及全發酵茶等三類；中國則將其分為綠茶、黃茶、白茶、青茶、紅茶及黑茶等六大類。若屬於不發酵的綠茶類、黃茶類及後發酵的黑茶類，製茶的第一道程序皆由炒菁或蒸菁開始；屬於部分發酵的白茶類、青茶類及全發酵茶的紅茶類等，製茶的第一道程序則由萎凋開始，再藉由控制發酵程度的技術，而產製出不同風味特色的茶類。

各茶類的基本製造過程如圖 3-1 ～ 3-3：

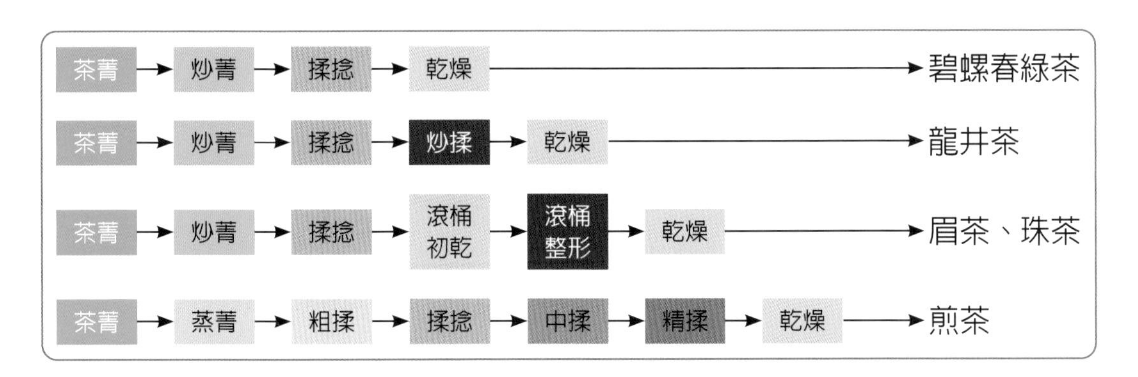

圖 3-1 不發酵茶基本製造過程。

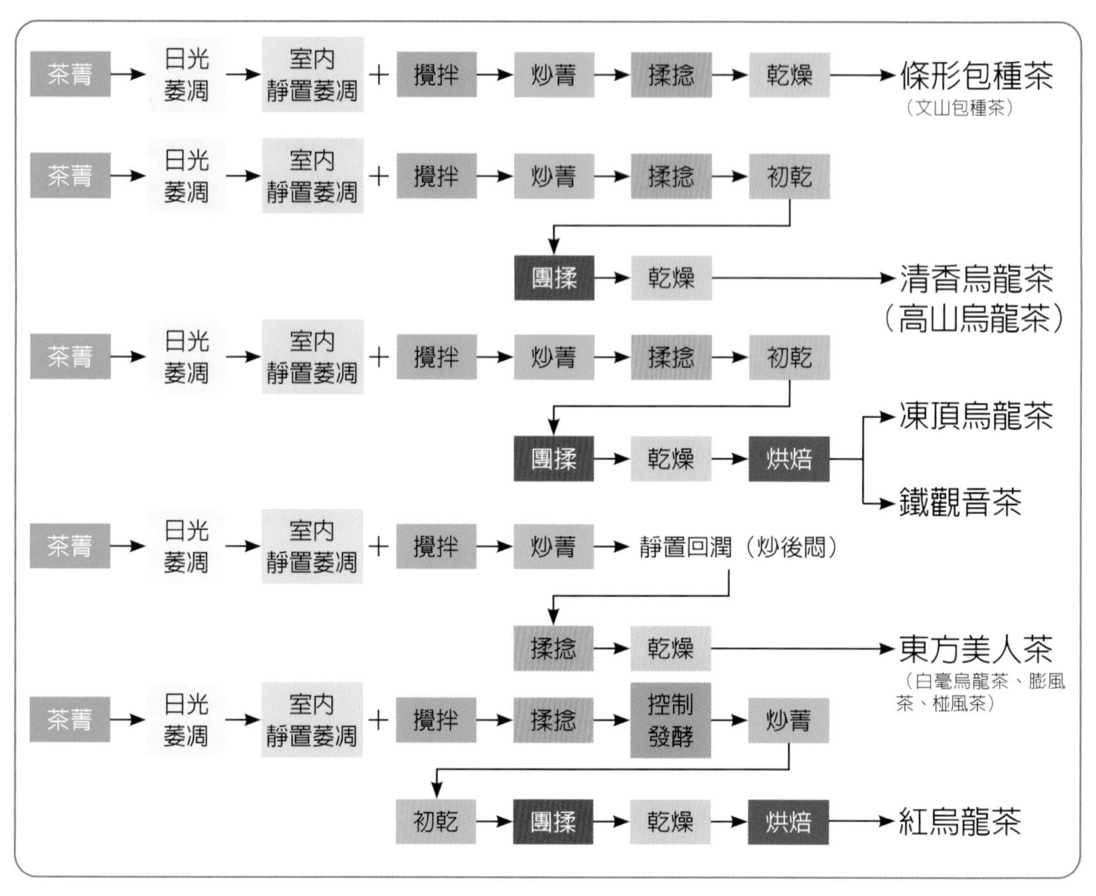

圖 3-2　部分發酵茶基本製造過程。

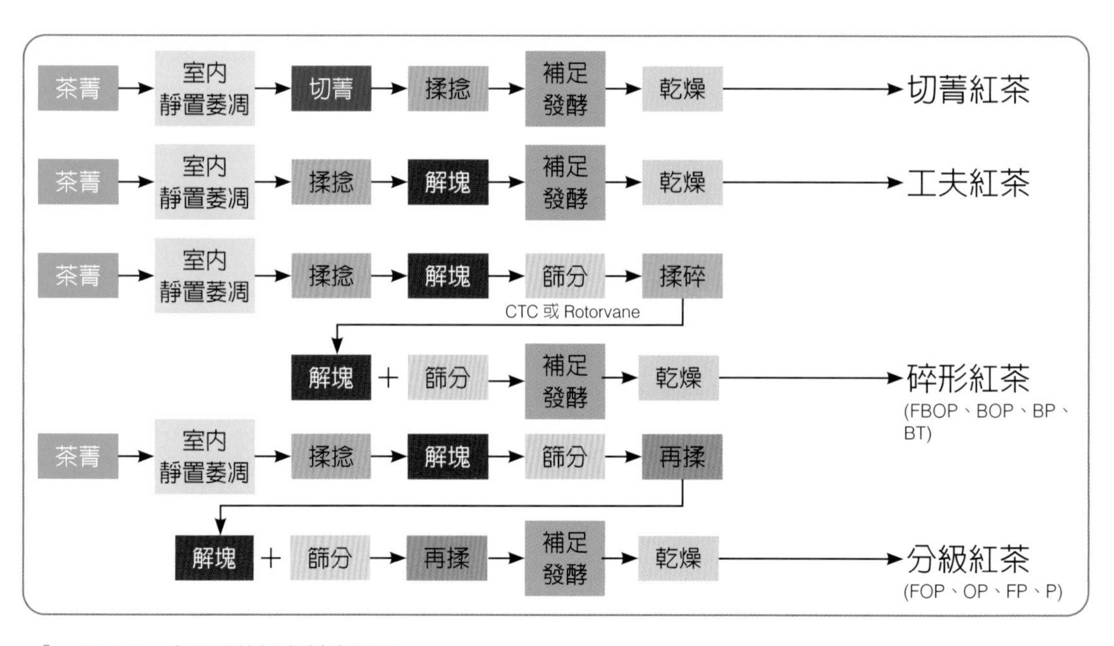

圖 3-3　全發酵茶基本製造過程。

三、茶葉製造過程各流程意義與目的

茶樹芽葉中所含的各項成分，有些利於成茶的品質，有些則不利於成茶的品質。製茶理論就是要了解製茶過程中各種作業的目的，及引發其在製造過程中經由複雜的物理及化學變化，進而透過製造技術能靈活妥善控制其製程，產製出符合要求的色、香、味、形的優質茶葉。茲就茶葉製造過程各流程意義與目的說明如下：

（一）萎凋（withering）

一般剛從茶樹採摘的芽葉含水量約占 75 %，此時芽葉細胞呈鮮活硬脆狀態，當茶葉在萎凋過程，芽葉細胞中水分藉由氣孔進行蒸散，使芽葉硬脆度、重量和體積隨之降低，葉質呈現柔軟狀態，增強韌性，此階段即爲物理性萎凋。

隨著水分的逐步散失，散發青草氣，細胞液濃縮，液胞膜的通透性增加，酵素活性逐漸增強，原本在細胞中被液胞膜分隔的多元酚類成分即滲入細胞質內，進而與多元酚氧化酵素相互接觸，藉著酵素的催化作用，氧化（發酵）作用增強，茶葉內含成分適度轉化，可溶性物質增加，經過一系列複雜的化學變化，形成茶葉特有水色、香氣及滋味的成分或其前驅物質，此階段即爲生化性萎凋。

部分發酵茶的萎凋可分爲日光萎凋（圖 3-4）和室內萎凋（靜置）二個階段。前者是以太陽或熱風的熱能加速茶菁水分的消散；而後者在室內將茶菁攤放於笳簾或立體式層積萎凋架上靜置（圖 3-5）使茶菁水分緩慢持續消散，並配合攪拌促使其進行內部發酵作用。萎凋前期主要目的是使茶菁的水分消散，具有引發後續發酵作用的環境；後期的主要目的是藉攪拌去除菁味及調節茶葉發酵程度，促使產生茶葉特有的香氣與滋味。立體式層積萎凋架係嘉義縣竹崎鄉張烈錦於民國 83 年（1994）研發而成，可提高茶菁萎凋處理數量，並持續改良再導入萎凋室溫溼度控制空調系統，有利於茶菁萎凋走水與發酵作業，有效提升部分發酵茶品質及紓緩人力負擔，推廣後各茶區爭相仿傚，中國及東南亞產製臺式烏龍茶之產區也相繼引進使用。

一般茶菁萎凋過程的水分散失，主要是表面蒸散作用，茶菁總失水量中約有 85.5 ～ 86.6 %是由葉片的下表皮之氣孔散失， 13.4 ～ 13.6 %是經由葉緣散失，採摘傷口約占失水總量之 0.9 ～ 1.0 %，蒸散面積愈大者，水分散失量就愈大（蔡，2002）。

圖 3-4　茶菁進廠後進行日光萎凋情形。

圖 3-5　茶菁進廠後進行室內靜置萎凋情形（左為立體式層積萎凋架、右為笳籮）。

（二）室內靜置萎凋與攪拌（indoor withering and stirring）

攪拌（圖 3-6）係以雙手微力翻動茶菁，葉片組織因振動提高滲透壓，增進維管束輸導組織的輸送機能，莖梗裡的水分因水勢壓力差通過葉脈往葉片輸送，梗裡的香味物質隨著水分向葉片轉移，使葉片獲得梗裡的水分和可溶性物質的補充而恢復膨潤狀態，茶葉「走水」（水分散失）平均，並可防止葉片失水過多，輸導組織失去輸送機能而產生死菁；同時藉翻動使茶菁相互摩擦及葉緣細胞破裂，去除菁味及促進發酵作用。

圖 3-6　部分發酵茶室內靜置後之攪拌作業。

部分發酵茶若一開始攪拌過重，則鮮葉容易受傷引起「包水或積水」現象。致使外觀色澤暗黑，滋味苦澀。但攪拌不足，茶葉特有之香氣不揚，甚至具有臭菁味。茶菁第一、二次以手工輕攪拌爲主，第三、四次才使用浪菁機攪拌。一般依據茶菁條件及發酵程度擬定攪拌時間；至於轉動快慢程度，則視茶菁萎凋狀態及茶葉品質進行調整。

茶葉浪菁機係竹蔑編織成圓筒狀，將其固定於轉軸與支架上，利用馬達驅動旋轉，鮮葉於筒內滾動翻轉時，會造成茶菁之間摩擦，達到攪拌後茶菁走水及促進發酵之目的，此過程稱爲「浪菁」（圖 3-7）。

圖 3-7　部分發酵茶浪菁機攪拌及觀察茶菁氣味與走水變化。

靜置過程中葉片繼續蒸散水分，葉片失水多，莖梗失水相對較少。因此，葉片呈凋萎狀態。在萎凋靜置過程，葉片產生化學變化，此時葉片綠色逐漸減退，葉緣部位出現紅鑲邊，葉脈透明，形狀如湯匙，外觀硬挺，手感柔軟，散發出濃郁的香味，此時即萎凋適度，可進行殺菁作業。

（三）發酵（fermentation）

茶菁在萎凋過程中因逐漸失水，鮮葉之細胞組織損傷，此液胞膜通透性增大，細胞代謝失調，致使液胞中的多元酚類化合物與原生質、葉綠體、粒腺體中的多元酚氧化酵素充分接觸，多元酚類化合物在氧分子的參與下發生激烈的氧化反應，進一步轉化成烏龍茶質、茶黃質、茶紅質和其他有色物質。其他內含物如胺基酸、類胡蘿蔔素及香味物質也引起一系列化學反應，產生茶葉特有之色、香、味。

（四）殺菁［蒸菁（steaming）與炒菁（panning）］

影響殺菁主要的因素是炒鍋之溫度、炒菁時間、投葉量和使用之機具類型。茶葉殺菁係藉由熱能發生熱化學變化，除去菁草氣，保有茶葉特有香氣及滋味；炒菁時茶菁水分大量散失，亦使葉質柔軟便於揉捻成條及乾燥處理（圖 3-8）。

殺菁（blanching）目的是利用高溫破壞酵素活性，防止多元酚類的繼續發酵，多元酚氧化酵素喪失活性之溫度爲 60 ～ 75 ℃，要阻止鮮葉因酵素氧化而紅變，必須迅速使殺菁葉溫上升到 80 ℃，並持續 1 分鐘以上。升溫過程必經酵素氧化最適溫度（約 50 ℃）階段，若升溫緩慢必導致紅梗、紅葉出現，並會改變殺菁芽葉應有的香味類型。

一般茶多元酚類在殺菁過程中會發生部分的自動氧化、酯型兒茶素的水解及異構化作用，使其總量有所減少。在高溫高溼殺菁的條件下蛋白質會部分水解形成游離胺基酸，使得胺基酸總量增加，此變化促使綠茶具有鮮醇爽口的滋味。另多糖類的水解使可溶性糖總量增加，爲後繼製程中的「甜香」及「甘甜」滋味創造條件。高溫殺菁維生素 C 因受熱氧化而明顯減少；咖啡因則部分昇華而減少。透過高溫殺菁，低沸點帶有青草氣如青葉醇、青葉醛等揮發性香氣物質大量揮發散失，高沸點的香氣成分如順 - 3 - 己烯 - 1 - 醇、順 - 3 - 己烯基乙酸酯等明顯增加。

一般部分發酵茶完成萎凋發酵後，將茶菁置入於圓筒式炒菁機內，利用瓦斯加熱產生高溫，使茶菁在滾筒內翻拌，高溫急速破壞酵素的活性，停止發酵及其他生化反應，使茶葉經由發酵產生的水色、香氣與滋味趨於穩定。炒菁可適度減少茶菁含水量，使生葉組織軟化並去除菁味，利於揉捻作業。

圖 3-8　部分發酵茶炒菁作業。

（五）揉捻（rolling）

揉捻是應用機械的力量使茶葉轉動相互摩擦，造成芽葉部分組織細胞破壞，汁液流出黏附在芽葉表面，經乾燥凝固後使可溶性成分便於沖泡溶出，加強茶湯滋味。此外，揉捻還具有整形的作用，使茶葉捲曲成爲條狀，或經由團揉成半球形或球形，外形美觀，並減少茶葉成品的體積，便於包裝、運輸及貯存。

一般部分發酵茶使用望月氏揉捻機進行揉捻，係日本靜岡縣望月發太郎於 1894 年發明，原作爲綠茶揉捻（7.2 公斤／回）用，在 1911 年引進臺灣，並逐步取代腳足揉捻。當葉片經過望月氏揉捻機揉捻後，由於受到兩個平面間的壓力，葉片主脈組織較葉面的其他部分堅韌，在揉捻機內能形成葉片運動的中心軸，並能夠良好地滾轉和更換位置，又能順著一定曲線轉動，因而茶菁葉片都是順著主脈捲轉成長條形或橢圓螺旋形（圖 3-9）。

圖 3-9　部分發酵茶揉捻作業。

（六）初乾（predrying）

將揉捻葉解塊後置於乙種乾燥機或甲種乾燥機（圖 3-10）初乾至茶葉表面無水分，握之柔軟有彈性不黏手（俗稱初乾或半乾）。一般茶葉加工製造至此時已深夜，可將初乾茶葉攤於笳簷上放置在避風處靜置回潤後再行團揉。

圖 3-10　部分發酵茶甲種乾燥機初乾作業。

（七）靜置回潤（wetting and softening）（東方美人茶爲炒後悶）

回潤是部分發酵茶經揉捻初乾後，葉片條索之含水分較低有微刺感，而茶梗之含水分較高，初乾後之茶葉放在笳籮上靜置一段時間，促使梗葉水分平衡，葉片回潤有彈性（圖 3-11），以利後續球形茶團揉作業。另靜置回潤（炒後悶）也是製造東方美人茶特有步驟，茶葉炒菁後即用浸過乾淨水之溼布包悶靜置 10 ～ 20 分鐘，使茶葉回軟無乾脆刺手感，揉捻易於成形且可避免碎葉及茶芽被揉損。

圖 3-11　部分發酵茶靜置回潤作業。

（八）團揉（mass-rolling）

揉捻初乾後所進行的布球揉捻又稱「團揉」，是球形烏龍茶成形的重要過程。其製法是將初乾之茶葉先以圓筒炒菁機、甲種乾燥機或焙籠加熱回軟，加熱至葉溫達 60 ～ 65 ℃，將茶葉包裹在特製的布巾或布球袋內，以茶葉束包機或手工將其緊握包成圓球狀，再以手工或機械（平揉機）來回搓壓，過程中須不時把布巾攤開，將茶葉適時鬆開散熱，覆炒團揉多次（30 次以上）後，使茶葉中水分慢慢消散，茶葉外形逐漸由條形轉趨緊結成球形，有利於後續包裝與貯存。

1. 茶葉布球揉捻機（平揉機、圖 3-12）

南投縣鹿谷鄉永隆村陳拍收先生於民國 62 年（1973）研發而成（4 粒／次、1.2 ～ 1.8 公斤／粒），其目的爲取代手工揉捻。將布巾包裹緊束成球狀的半成品，放置於加壓轉動之平揉機揉盤上，利用加壓之揉盤使茶梗內水分釋出，更容易製成半球形或球形茶，改善部分發酵茶香氣及滋味。

圖 3-12　茶葉布球揉捻機作業情形（現代大型平揉機）。

2. 茶葉束包機（圖 3-13）

束包機爲南投縣名間鄉陳清鎮先生於民國 69 年（1980）所研發。將初乾之茶葉先以圓筒炒菁機加熱至葉溫 60 ～ 65 ℃回軟後，再將茶葉裝入布巾中利用束包機緊束成球形（圖 3-13），後續再以平揉機進行團揉動作（4.2 ～ 4.8 公斤 / 粒、 3 粒 / 次； 9 ～ 12 公斤 / 粒、 2 粒 / 次），以機械方式取代手工，提高 4 倍製茶效率及品質。

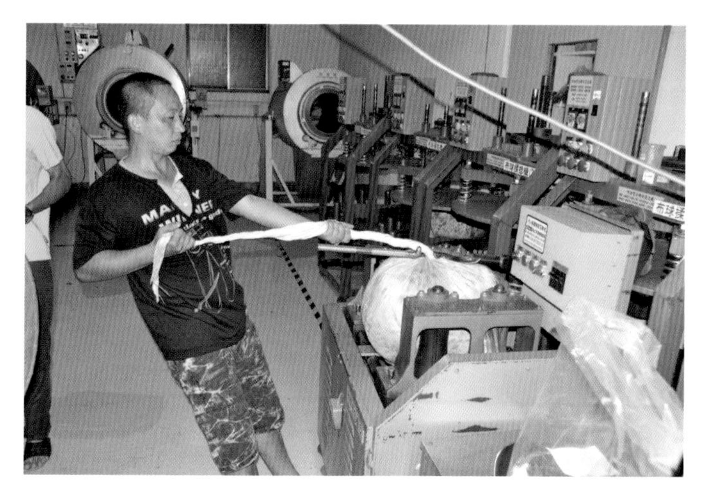

圖 3-13　束包機將茶葉緊束成球形作業情形（現代大型束包機 15～18 公斤 / 粒）。

3. 蓮花束包整形機（圖 3-14）

蓮花束包整形機係由臺中縣大甲鎮楊山虎先生於民國 80 年（1991）研發而成，機體由捲布桿、數個具弧度之蓮花揉捻片及傳動機組所構成。捲布桿架設於機臺後方蓋板上，操作者可依布巾扭轉拉力上下或左右移動促使茶葉體積收縮；另傳動機組係藉由馬達驅動傳動器，經由轉座、曲臂使蓮花座轉動驅動蓮花片做開、合之動作，達到對茶葉壓縮與揉捻之功效。蓮花束包整形機一般用於團揉最後階段（圖 3-15），經蓮花葉片束包整形後，茶葉外觀較圓緊不會有稜有角，相對賣相佳。

圖 3-14　蓮花束包整形機。

圖 3-15　蓮花束包整形後之茶球。

4. 擠壓機（俗稱豆腐機）

部分發酵茶爲臺灣重要特色茶類，其中以清香型的高山烏龍茶及焙香型的凍頂烏龍茶等球形烏龍茶產量占最多。但近年來因農村人力老化及缺工等問題，茶葉生產爲節省人力，改進團揉製程，民國 99 ～ 100 年（2010 ～ 2011）在中南部茶區陸續由中國引進擠壓整形機（豆腐機）替代傳統之束包機與平揉機，以減少人力負擔。本機組每次可擠壓初乾茶菁 40 ～ 60 公斤，經由機械壓力及持壓保壓時間設定，逐次加壓及延長時間，經多次擠壓解塊後可快速整形成球形顆粒。透過此設備，過長之初乾茶菁都可擠壓成緊結顆粒，但仍應適當控制初乾茶菁含水量及配合調控機械參數設定，以避免炒菁揉捻後初乾茶菁含水分太高，導致擠壓後易結成團粒，不利於解塊作業，或炒菁過乾使含水量太低，反而導致茶湯滋味易呈現淡澀等缺點；另擠壓後若解塊不全，也易造成 2 ～ 3 個茶芽纏繞包覆成團，導致乾燥不完全，茶葉快速劣變。由於簡化傳統團揉及蓮花束包過程的結果，導致茶葉外觀顯得灰暗有稜有角，缺乏圓緊及油潤感，使用擠壓整形機後臺灣烏龍茶品質有普遍下降之現象發生。

爲了改善上述缺點，提升臺灣茶葉品質，製造球形茶時可參考整合擠壓機及傳統團揉流程（圖 3-16），可有效改善茶葉品質。試驗結果顯示，利用擠壓機處理後茶葉組織之內容物溶出多，茶湯滋味濃稠度顯著提高，但茶湯苦澀味強；擠壓後若能再經傳統布球團揉加以整形，茶湯滋味有修飾作用可轉爲圓滑甘醇，外觀也較圓緊油潤。

圖 3-16　整合擠壓機及傳統團揉流程改善茶葉品質。

5. 茶葉自動束包機（圖 3-17）

爲減緩揉球師傅體力的支出及縮短揉球的時間，降低團揉造成的職業傷害風險，簡化布球團揉整形技術之門檻，民國 107 年（2018）茶改場中部分場與際峰機械共同研發「茶葉自動束包機」，其透過機械手臂設計，將傳統束包機與蓮花整形機性能整合成一體，並透過製程參數設定控制，調整蓮花束包速率及機械手臂在布球拉巾持握的時間，掌控布球束包的緊結度，使布球的鬆緊度能配合平揉機來調整，省時省力又可大幅提高製茶師傅進行傳統團揉製程的操作意願，進而提高茶葉品質。

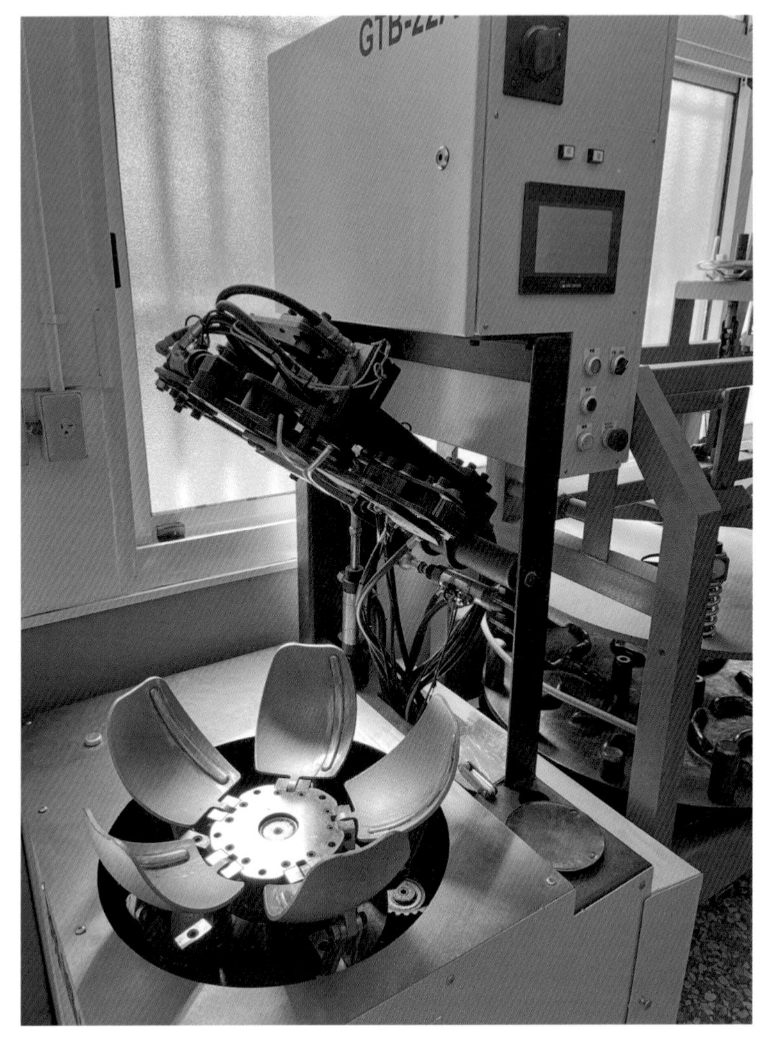

圖 3-17　茶葉自動束包機（蔡政信攝）。

（九）乾燥（drying）

乾燥目的是以高溫熱風處理，破壞殘留在茶葉中的酵素活性，使發酵作用及其他生化反應完全停止，品質固定在理想的狀態。

目前普遍使用甲種乾燥機進行茶葉乾燥作業（圖 3-18），係利用柴油燃燒機啟動熱源，熱空氣經鼓風機吹入機體內，茶葉鋪設（攤葉厚度 2 ～ 3 公分）在鐵製或不鏽鋼之輸送帶上循序前進，經熱風吹送帶走水分，進行乾燥作業。

乾燥處理也可使含水量降至 3 ～ 4 %，葉身收縮成條索或半球狀、緊結球形，減少茶葉體積及重量，便於包裝、貯存及運銷，同時去除菁味及減輕澀味，利用乾燥熱能尚可改善茶葉之香氣與滋味，並使湯色更清澈明亮。

圖 3-18 甲種乾燥機進行茶葉乾燥作業。

四、結語

臺灣地理條件非常適合茶樹栽種，各茶區除了有良好的氣候環境、土壤及栽培技術外，另有優良品種推廣種植如青心烏龍或臺茶 12 號（金萱），加上高超製造技術，即所謂天（海拔高度、氣候）、地（土壤質地）、人（製茶工夫）三者相互配合，產製品質優異各具特色的烏龍茶。臺灣優質茶亦講求「三品」，即品種、品質與品牌，各茶區均依品種或品質特色建立行銷品牌，如文山包種茶、阿里山高山烏龍茶及凍頂烏龍茶等。

近年來，由於年輕消費市場興起與健康意識抬頭，茶葉特殊風味與機能性之需求也與日俱增，爲提供整體茶業市場所需，透過製茶加工與加值技術，將有助於提供更多元茶產品，同時藉由機能性茶飲品或茶副產物跨域應用之產品開發，拓展其在不同市場之立基點，可有效提升茶產業之經濟價值。

五、參考文獻

1. 甘子能。1984。茶葉化學入門。pp. 12-92。臺灣省茶業改良場林口分場。
2. 行政院農業委員會茶業改良場。2002。茶作栽培技術。行政院農業委員會茶業改良場。
3. 行政院農業委員會茶業改良場。2002。製茶技術。行政院農業委員會茶業改良場。
4. 陳宗懋主編。2000。中國茶葉大辭典。中國輕工業出版社。
5. 蔡志賢。2002。包種茶萎凋與攪拌製程中茶菁之生理變化與利用生物電子鼻監測之可行性探討。國立臺灣大學園藝學研究所博士論文。

04

綠茶製造技術與品質特色

文、圖／潘韋成

一、前言

綠茶屬於不發酵茶，由於殺菁方式之不同，可分為炒菁綠茶與蒸菁綠茶兩種。炒菁綠茶如眉茶、珠茶、龍井茶、碧螺春綠茶及中國毛峰等。蒸菁綠茶則有煎茶、玉露茶及番茶等。 1904 年日治時期為提供臺灣在地的綠茶消費，延聘中國綠茶師父在苗栗廳農會三叉河支會舉辦綠茶製法講習，為臺灣製造綠茶的開始。但因怕與日本綠茶之競爭，並不鼓勵生產，至民國 33 年（1944）止輸出量十分不穩定，有數年不到 1,000 公斤，足見綠茶在當時未受重視，但也為戰後臺灣外銷綠茶奠定製茶人才培育基礎。

二戰後，民國 37 年（1948）上海茶商唐季珊自中國引進綠茶鍋炒技術，產製眉茶與珠茶銷往北非市場。民國 43 年（1954）至 49 年（1960）綠茶與紅茶輸出並駕齊驅。民國 44 年（1965）引進日本綠茶蒸菁技術（煎茶），民國 61 年（1972）茶業改良場自日本購得新式煎茶機組，並召集全臺煎茶工廠人員研習，提高煎茶生產現代化與品質。民國 50 年（1961）至 70 年（1981）綠茶居臺灣外銷茶首位，占總輸出量 50 %以上；民國 62 年（1973）輸日煎茶創最高紀錄達到 12,990 公噸，占全年出口量 51 %。民國 63 年（1974）後，因能源危機與臺幣升值，綠茶輸出市場就此逐漸下滑，民國 74 年（1985）桃竹苗等地生產綠茶大廠幾乎關門歇業殆盡，僅剩新北市三峽區還生產龍井綠茶供內銷之用，至民國 90 年（2001）後又逐步發展碧螺春綠茶，也正符合近年來飲用綠茶有益身體健康風潮，獲得消費者肯定與喜愛。

臺灣綠茶主要生產於新北市及桃竹苗等茶區，新北市三峽區茶樹品種以青心柑仔為主（圖 4-1），青心柑仔屬早生種，樹形直立，枝條分枝較疏，幼芽嫩葉呈濃綠色，內折度大，萌芽數少，萌芽期長，產量中等。桃竹苗地區以青心大冇為主，以人工採摘一心一葉至一心二葉茶菁原料為佳（圖 4-2）。目前臺灣綠茶生產炒菁綠茶為主，以三峽區之碧螺春綠茶及龍井茶最負盛名。

圖 4-1 青心柑仔樹形直立，枝條分枝較疏，幼芽嫩葉呈濃綠色，內折度大，萌芽數少，萌芽期長，產量中等。

圖 4-2 臺灣綠茶採摘標準以人工採摘一心一葉至一心二葉茶菁原料為佳（邱喬嵩攝）。

二、茶菁原料選擇與處理

茶菁原料進廠後應隨即攤開靜置（圖 4-3），避免整袋積壓或堆積過厚，使茶菁葉溫升高，產生悶熱紅變現象。茶菁攤放笳籬或貯菁槽上，萎凋環境宜保持適當的通風及溫溼度，保持茶菁的新鮮度；放置時間通常以不超過 8 小時爲原則，然仍需配合製茶流程及天候決定。時間過長，茶菁由於失水過多等因素，會自然產生部分發酵，對於製造出的綠茶成品有不利的影響。目前臺灣茶農生產碧螺春綠茶，通常茶菁會攤放靜置數小時，可改善茶葉的風味品質。

圖 4-3　碧螺春綠茶萎凋厚度與萎凋情形。

綠茶品質一般以春茶最佳，秋冬茶次之，夏茶多元酚含量高苦澀味較重品質較差。每日採茶適期與部分發酵茶顯有不同，以上午或下午較適合，中午時段由於氣溫過高，茶菁原料裝袋後易產生呼吸熱，較難控制，容易發生積壓溼熱成死菜，須小心謹慎處理。

雨水菁所製成的綠茶，茶湯水色較淡且混濁，滋味淡薄且香氣不揚，缺少綠茶特有的鮮活性及蔬菜香。因此，應避免在雨天採茶，若因茶菁爲採摘適期，爲避免茶菁過於粗老，萬不得已，須有製茶工廠之配合，採取補救措施，當茶菁進廠後，隨即攤放在貯菁槽上，並以送風方式儘速除去茶菁表面多餘的水分，直至茶菁葉片表面水乾燥爲止，方能進行炒菁作業。否則雨水沾在葉片上，炒菁不均，遇高溫則會燙傷部分茶菁，使得炒菁後之茶葉揉捻困難，條索不均，粉末及副茶產生亦多，造成品質降低。

三、臺灣綠茶製造技術

綠茶屬於不發酵茶，其製造流程爲：

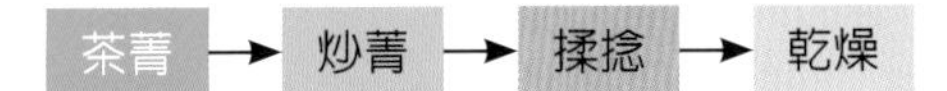

（一）炒菁

1. 炒菁之目的

綠茶是不發酵茶，因此，須以高溫短時間炒菁來破壞酵素活性，抑制茶葉發酵，保持鮮綠色，同時在炒菁時可以減少茶菁的水分，便於揉捻成型與乾燥貯存。

2. 炒菁的方法

炒菁時以高溫快炒爲宜，通常維持圓筒炒菁機上之銕溫溫度於 280 ～ 300 ℃左右，炒菁時間 5 ～ 6 分鐘可完成，完成後應立即卸料，避免葉緣炒焦。若溫度太低，時間加長，則會有悶黃現象。因此，須視原料品種、老嫩、茶菁含水率之高低、鍋溫及投菁量進行調整；水分多時，可採送風方式吹送部分多餘之水分，後期停止送風至炒熟爲止；並可藉由炒菁機轉速的快慢，筒內撥茶桿之翻拌作用，使茶菁受熱均勻。調整炒鍋溫度、轉速及炒菁時間，三者相互密切配合，可達成理想的炒菁效果。

（二）揉捻

揉捻係藉外力使茶葉捲曲成形，並破壞茶葉細胞組織，使汁液流出附著於茶葉表面，以便沖泡時可溶分易於溶出，提升茶湯之香氣與滋味。一般幼嫩的茶菁揉捻時間宜輕宜短，只要條索緊結即可，時間過久或壓力太重反而使副茶增加，顏色易變暗灰；茶菁原料較粗老，則可延長揉捻時間及加重揉捻壓力，以促使條索捲曲緊結，避免條索粗鬆降低茶葉品質，並影響包裝貯存。揉捻完成後，應隨即解塊避免結塊產生悶味及乾燥不足，引起酸敗現象；趁熱解塊亦可將多餘的水蒸氣排除，具有冷卻作用，可保持茶葉乾燥後成品的翠綠色。

（三）第一次乾燥

條形綠茶第一次乾燥時適當溫度為 90 ～ 100 ℃，將水分去除至含水率約 35 ～ 40 %左右，讓其回潤一段時間後再進行第二次乾燥。若是欲製造半球形綠茶，可將回潤後的茶葉放置於桶球機內整形，調整適當的溫度，初期以較高溫，中期減溫，直至滿意之緊結程度再卸出，此時仍然帶有大量的餘熱及高溼狀態，須隨即攤開送風冷卻，以保持綠茶本色；及可避免因堆積造成悶味進而影響品質。

（四）第二次乾燥

為了保持綠茶的翠綠色，所以乾燥溫度不可過高，以 90 ～ 100 ℃為原則，若溫度過高，則成品會易帶火味，影響綠茶的香味；但若採行低溫長時間乾燥，則乾燥完成的茶葉成品色澤偏暗，沖泡後的湯色較黃，色澤亦較差。因此，乾燥時的溫度與時間須控制良好，方能得到品質優良的綠茶。

四、臺灣綠茶品質特色

（一）外觀

臺灣碧螺春綠茶茶葉外觀新鮮碧綠，芽尖白毫多，形狀細緊捲曲似螺旋（圖 4-4），成茶清香鮮雅、亮麗自然。一般碧螺春綠茶以手採一心二葉之青心柑仔茶菁製造而成，而對口芽雖經揉捻仍能條索捲曲，但外型粗大無白毫，滋味較為淡薄，非上品。

圖 4-4 碧螺春綠茶外觀。

（二）水色

臺灣碧螺春綠茶水色綠中帶黃，以清澈明亮爲佳（圖 4-5），次級茶及病蟲危害茶葉水色較深且濁。

圖 4-5 碧螺春綠茶茶湯水色。

（三）香氣

臺灣碧螺春綠茶香氣清新活潑，富有蔬菜香或綠豆香。

（四）滋味

臺灣碧螺春綠茶滋味重視鮮爽與甘醇，茶湯入口鮮活爽口，微澀回甘。目前臺灣綠茶製程經過自然萎凋，滋味甘醇卻不苦澀。以青心柑仔品種製造之碧螺春綠茶，毫香明顯，別具特色。

郭等（2019）分析民國 107 年（2018）三峽碧螺春綠茶春季比賽茶樣顯示，入選茶樣茶湯化學成分之總多元酚、EGCG、ECG、總酯型兒茶素、總游離胺基酸、還原糖、沒食子酸及咖啡因含量較未入圍茶樣高，但 EGC 含量及酚胺比則較淘汰茶樣低。

（五）葉底

碧螺春綠茶沖泡後，葉底開展均勻，嫩芽枝葉連理，葉質柔嫩，色澤鮮綠明亮（圖 4-6）。

圖 4-6　碧螺春綠茶葉底。

五、結語

臺灣綠茶屬於不發酵茶類，以炒菁綠茶爲主，其製程爲採摘回來茶菁直接炒菁、揉捻及乾燥而成。臺灣綠茶盛產於春季，尤以清明節前產製品質爲佳，俗稱明前茶，冬季氣溫降低，綠茶品質優。夏季氣候炎熱，苦澀味重，不適合製造綠茶。目前新北市三峽茶區爲臺灣綠茶主要生產地區，植茶地區分布在海拔二百多公尺丘陵臺地（張，2001），氣候冷涼，綠茶品質佳。以青心柑仔爲主要茶樹品種，生產之碧螺春綠茶及龍井茶最負盛名，其中以前者爲最大宗。碧螺春綠茶因茶葉銀綠隱翠，捲曲成螺著稱。而龍井茶的茶葉外形則如長劍片狀，墨綠色帶白毫，水色翠綠隱黃，帶有蔬菜香，有清新爽口感，此種綠茶更有「四絕之美」的美譽，此四絕爲形狀優美，顏色濃綠，香氣凜冽，以及滋味甘醇。

六、參考文獻

1. 行政院農業委員會茶業改良場。2002。綠茶製造。製茶技術。pp. 19-21。行政院農業委員會茶業改良場。
2. 張清寬。2001。適製「碧螺春」茶樹品種青心柑仔之特性與推廣。茶業專訊 38: 4-5。
3. 郭芷君、黃宣翰、楊美珠。2019。三峽碧螺春綠茶比賽茶等級與成分關聯性之探討。臺灣茶業研究彙報 38: 141-158。

05

文山包種茶製造技術與品質特色

文、圖／蘇彥碩

一、前言

臺灣製造包種茶，約莫始於清代同治 12 年（1873），當時臺灣製的烏龍茶受世界茶業不景氣的影響，內銷及外銷狀況不佳，遂轉運至福州窨花，使其具有獨特的花香，當時通稱爲「花香茶」，茶胚則稱爲「包種素茶」，可見當時這種具有花香的茶已有「包種」的名稱。藉由此方法，新式的茶類慢慢打開市場，但因兩地加工，茶葉運送成本較高，獲利甚低，福建省泉州府同安縣茶商吳福源，率技術人員來臺建立商號，專門製造包種茶，並開始拓展外銷的市場，包種茶產量隨市場開拓逐漸增加。民國 1 年（1912）臺灣臺北州七星郡南港大坑有王水錦及魏靜時兩位先生，潛心研究，開創了今日藉由日光萎凋、室內萎凋、攪拌、炒菁、揉捻及乾燥而產生天然花香的包種茶製程，是現今條形包種茶的原型。臺灣進入日治時代後，日本政府在推展茶業上亦不遺餘力，聘請許多茶業相關專長的民間茶師，至各地巡迴教授茶業相關知識，持續了十多年，奠定了包種茶的茶園栽培管理及製造加工的模式。當時以製茶品質論，文山郡（今木柵、新店、深坑、石碇、烏來及坪林一帶）所產製的包種茶品質較優，且產量較高，往後就此以文山包種茶作爲統稱。後續慢慢擴展至新竹苗栗一帶。

包種茶製程是部分發酵茶類中屬發酵程度較輕的一種茶類，條索緊結、葉尖自然捲曲，色澤墨綠有光澤，嫩葉稍鑲金邊；水色蜜綠至蜜黃、澄清透亮；香氣幽雅純淨，以花香爲主，發酵程度稍重的有時能品嘗到果香；口感圓潤富活性，甘甜醇厚，餘韻綿長。臺灣產製包種茶的地區分布極廣，而以文山包種茶最具代表性。

二、採摘原料選擇與處理

（一）適合製造包種茶的品種

臺灣現有之品種中以青心烏龍、四季春、青心大冇、大葉烏龍、臺茶 12、13、19、20 及 22 號（圖 5-1 ～圖 5-6）等製造包種茶品質較優。依品種不同能展現品種特色香味。

圖5-1 青心烏龍茶芽。

圖5-2 臺茶12號茶芽。

圖5-3 臺茶13號茶芽。

圖5-4 臺茶19號茶芽。

圖5-5 臺茶20號茶芽。

圖5-6 臺茶22號茶芽。

（二）茶菁之採摘

春冬二季製成的包種茶，品質特佳，製造包種茶，品質重視茶湯之香氣，通常以採摘一心二到三葉，採摘面 60 ～ 70 %形成對口芽（開面）（圖 5-7）時採摘較爲恰當，並以葉質柔軟、葉肉肥厚及色呈淡綠者爲佳。不過在同一株茶樹中，茶芽之萌放時間，難以一致，是以在春茶時期，大都在頂芽開面達 50 %以上時，即須開始採摘，否則部分茶菁易粗老。此一採摘期，較之烏龍茶所用茶菁適採時期約延後 6 ～ 8 天。夏秋茶期由於氣候炎熱關係，容易纖維化，適採期較短，需比春茶採摘期稍早，當採摘面 50 %茶芽開面時，即須採摘。茶菁採摘時期是否得宜對於製茶品質影響甚大。茶菁對口芽比例高或是纖維化程度高，製成茶條索無法緊結，香味淡薄。如採之過早，則成茶色澤近黑，略苦，茶湯缺少香氣，品質較差。務必就茶樹品種萌芽時期、持嫩性、土壤及氣候環境等因子，判斷採摘之適期。所以鮮葉之頂芽展開後，其下二三葉片尚爲柔軟時，是採摘最適時期。除選擇優良品種爲主要條件外，必須配合茶園耕作、土壤及營養管理，茶菁才能生長旺盛，品質優良。但須注意肥料用量，施用氮肥過多，或追肥及葉面施肥離採摘期太近，葉片中氮含量容易過高，茶菁顏色呈濃綠，且含水分過多，較不適合製造包種茶，容易香氣不顯且茶湯苦澀。

茶菁採摘時須保持芽葉完整，儘量勿使其破損嚴重，收集在大茶籃（袋）的量需適中，勿互相擠壓，並避免照射到太陽，放置時間不要太長以免發熱發酵，破壞茶菁原有品質，茶菁採摘後宜儘速進入茶廠，運送的過程儘量不要使茶菁碰撞、摩擦或擠壓，儘快進行後續製茶程序。

圖 5-7　包種茶茶菁採摘之對口芽。

三、文山包種茶製造技術

文山包種茶屬於部分發酵茶，其製造流程為：

茶菁 → 日光萎凋 → 室內靜置萎凋 ＋ 攪拌 → 炒菁 → 揉捻 → 乾燥

（一）日光萎凋（或熱風萎凋）

日光或熱風萎凋是製造包種茶的第一步，藉由輻射能及熱能加速茶菁水分之散失，創造葉片及葉柄水勢能的梯度，使製茶過程中水分可以順利移動及促進葉肉細胞萎凋，減少細胞水分含量，細胞胞器膜透性增加（支撐力變弱），使液胞中的多元酚類（兒茶素類）及細胞質中的多元酚氧化酵素，得以接觸，藉由氧化作用觸發一系列的化學反應，進而產生風味的轉變。

1. 日光萎凋法

將茶菁攤於曬菁布或笳躉上（每平方公尺攤放 0.6 ～ 1.0 公斤茶菁）進行日光萎凋（圖 5-8），萎凋葉面溫度（或稱日曬溫度）以 30 ～ 40 ℃為宜，日曬茶菁溫度若高於 40 ℃（手觸碰為感到熱時）宜用遮蔭網遮蔭，以免茶菁受傷，茶菁曬傷，茶葉細胞被完全破壞，產生紅變，無法進行後續發酵（氧化）反應。萎凋過程中視茶菁水分消散情形輕翻 1 ～ 2 次，使各葉萎凋較為平均，萎凋時間依製茶目標調整，視茶菁水分消散情形而定，一般以第二葉產生霧面（葉面角質層光亮消失），第三葉面霧化 1 ／ 2 ～ 2 ／ 3 為主（圖 5-9），葉面稍呈波浪狀起伏，以手觸摸有柔軟感，味道無菁味略顯清香即可。茶菁重量減少約 8 ～ 12 %。

圖 5-8　茶菁日光萎凋攤菁密度，以稍蓋住曬菁網為佳。

圖 5-9　茶菁日光萎凋狀況，葉面依萎凋程度失去光澤。

2. **熱風萎凋法**

日曬溫度不足或遇雨天時，宜以熱風萎凋代替日光萎凋。熱風萎凋的方式有二種，一為設置熱風萎凋室，利用乾燥機或熱風爐之熱風以風管導入室內萎凋架下方（切忌熱風直接吹向茶菁），室內另設新鮮空氣的入口及出口，使空氣對流，熱風萎凋室之溫度以 35 ～ 38 ℃為宜（熱風溫度 40 ～ 45 ℃），攤葉厚度每平方公尺 0.6 ～ 1.0 公斤茶菁。另一種方式為設置熱風式萎凋槽（又稱送風式萎凋槽，圖 5-10），將茶菁平均攤放於萎凋槽內，攤葉厚度 5 ～ 10 公分，熱風溫度 35 ～ 38 ℃，風速每分鐘 40 ～ 80 公尺。熱風萎凋進行中宜輕翻茶菁 2 ～ 3 次使萎凋平均；下雨採收的茶菁，需特別注意，送風的溫度稍高於室溫，風吹使茶菁表面水分略乾後再行翻動，以使葉表水分容易消散而易於萎凋之進行，儘量減少翻動次數，因茶菁含水量高，翻動容易受傷且帶悶味。茶菁重量減少 8 ～ 12 ％。

圖 5-10　北部地區常見自製熱風式萎凋槽，陰雨天時可進行熱風萎凋。

（二）室內萎凋及攪拌

1. 目的

⑴繼續日光萎凋或熱風萎凋所引發之發酵作用，使茶菁繼續進行部分發酵，引發複雜之化學變化而生成包種茶特有之香氣及滋味。

⑵「攪拌」係以雙手手掌合執茶葉，用微力將鮮葉翻動，使鮮葉相互摩擦引起葉緣細胞破損，空氣易於進入葉肉細胞促進發酵作用，同時藉翻動使茶葉「走水」平均（圖 5-11）。

2. 方法

⑴茶菁日光萎凋或熱風萎凋後，即移入常溫的萎凋室並薄攤於笳簼上，攤葉厚度每平方公尺 0.6 ～ 1.0 公斤，靜置 1 ～ 2 小時，葉緣因水分蒸散而呈微波浪狀時進行第一次攪拌，動作宜輕，時間宜短（約攪拌 1 分鐘）。

⑵包種茶的室內萎凋之第一次與第二次攪拌程度極為輕微，僅將茶菁輕輕撥動翻轉而已，若萎凋初期下手過重則茶菁容易受傷，造成組織壞死，外觀色澤暗黑，滋味苦澀。攪拌不足則包種茶特有之香氣不揚，類似蔬菜或綠豆味，並有悶雜感。因此，須視茶樹品種、茶菁性質、季節與天候狀況調節室內萎凋所需時間及攪拌次數。

⑶隨攪拌次數之增加而動作漸次加重，攪拌時間亦隨之增長，攤葉亦逐漸增

厚，而靜置時間可逐漸增長，一般攪拌次數為 3 ～ 5 次，每次攪拌後靜置時間為 60 ～ 120 分鐘。

(4)最後一次攪拌時間較為長，攪拌後靜置 60 ～ 180 分鐘，茶菁味道純淨，菁味消失，略帶果香時即可炒菁。夜晚氣溫較低，靜置時攤葉宜厚，進而產生包種茶特有的香氣與滋味。

圖 5-11　包種茶菁室內攪拌時常使用笳篱攪拌。

（三）炒菁

1. 包種茶製程透過控制葉片中的水分及適時的攪拌，使得茶菁中的多元酚類及多元酚氧化酵素，進行發酵（氧化）作用，茶菁的香氣在合適的時候，就需要應用高溫破壞酵素活性，使發酵（氧化）過程中止，以保有包種茶特有之香氣滋味。在炒菁利用高溫及茶葉本身的水分，形成水蒸氣，藉由水分的熱傳導，使酵素（蛋白質）變性，不再進行氧化反應。炒菁使茶菁水分大量減少，低分子的化學物質（菁雜味）也隨之高溫散失，同時使葉質柔軟便於揉捻成條與後續乾燥之處理。
2. 炒菁使用滾筒式炒菁機，炒菁前需確認炒菁機的滾筒是否到達水平及滾筒鍋內是否清潔，炒菁時才不會有受熱不均勻及異味產生。包種茶炒菁時，建議滾筒鍋面溫度 160 ～ 180 ℃或炒菁機錶溫 250 ～ 270 ℃為宜，最好可以準備一臺手持式的紅外線測溫儀來確認溫度，炒菁時葉面溫度以 80 ℃左右為佳。滾筒式炒菁鍋的轉速以茶菁落下的角度判斷，面對炒菁鍋，使茶菁大約在 10 ～ 11 點鐘方向落下爲佳。茶菁投入時宜快，減少投入茶菁前後的時間差，以求均勻。茶菁總投入量約爲滾筒式炒菁機出廠規格容量的一半較爲合宜。

3. 炒菁時間隨茶葉性質及投入量而異，可藉由炒菁鍋左下角較無蒸氣處取出少量茶菁評估，炒至蒸氣由帶有菁味逐漸轉爲乾淨，以手握之，葉質鬆軟具彈性，葉尖稍有刺手感即可（圖 5-12），時間過久容易造成茶菁焦化及脆化，滋味淡薄。炒菁時間過短，茶菁未炒熟，成品易帶菁味，未能完全使多元酚氧化酵素失去活性，揉捻時仍會進行部分發酵，導致味道不佳、悶雜及茶梗部分褐化的現象。

圖 5-12　炒菁後之茶菁顏色仍呈綠色顯黃。

（四）揉捻

1. 條形包種茶之揉捻法

茶葉炒菁完成出鍋後，以手翻動 2 ～ 3 次使熱氣消散，隨即投入揉捻機揉捻，因爲採摘程度標準以開面茶菁爲主，較爲纖維化，揉捻稍重無妨，能改善外觀。常採分段揉捻，即初次揉捻 4 ～ 5 分鐘後稍予放鬆解塊，散去熱氣，再加壓揉捻 2 ～ 3 分鐘，可使條索緊結，增加外形之美觀（圖 5-13）。

圖 5-13　完成揉捻後之茶菁條索狀態。

（五）乾燥

揉捻後的毛茶，使用甲種乾燥機進行初次乾燥（圖 5-14），乾燥機熱風進口溫度爲 100 ～ 105 ℃，將茶葉依乾燥機之能量（攤葉厚度 2 ～ 3 公分）進行乾燥，所需時間爲 25 ～ 30 分鐘。後續使用箱型焙茶機進行再次乾燥（再乾），應用 80 ℃左右的溫度，使茶葉乾燥，降低茶葉中殘存酵素活性，並固定茶葉品質，最後茶葉乾燥至水分含量低於 4 %，減少茶葉體積及重量，便於包裝、貯存及運銷。最後可利用乾燥或焙火之火候改善茶葉之香氣及滋味，去除菁臭味及減輕澀味，並使茶湯水色澄清豔麗。

圖 5-14　初乾之茶乾。

四、文山包種茶品質特色

（一）外觀

文山包種茶屬條形茶，採摘時選擇開面但葉片狀況仍保有彈性尚未纖維化的茶菁製造，以幼嫩茶菁製造則香氣不顯。幼嫩的茶菁製造起來外觀容易細小及墨綠，纖維化的茶菁製造起來外觀則顏色容易呈現淺綠，呈現黃片及條鬆的狀態。製造得宜，外觀應呈條索緊結、葉尖自然捲曲，色澤墨綠有光澤（圖 5-15），目前因採用色彩選別機精製，挑除茶梗及較老的葉片，故呈現給消費者的精製茶外觀爲呈現色澤均一葉片。

圖 5-15　文山包種茶外觀。

（二）水色

包種茶是部分發酵茶類中，屬發酵程度較輕的茶類，故茶湯水色呈現蜜綠至蜜黃色，清澈透亮，略泛油光（圖 5-16）。

圖 5-16　文山包種茶茶湯水色。

（三）香氣

包種茶由於輕度發酵的關係，所呈現的是較低分子的香氣，幽雅純淨，屬於清香型條形包種茶風味輪上的花香、果香和青香（青草及乾草），首重輕揚的花香（茉莉花、蘭花、玉蘭花及桂花等），隨著發酵程度的提升，隨之產生較濃厚的花香（梔子花、野薑花及柚花等），發酵程度稍重的花香和果香（青梅、荔枝、芒果、香瓜及鳳梨乾等）會同時呈現。

（四）滋味

包種茶因主要展現是其香氣，故茶湯呈現的純淨度相當重要，才能凸顯各式的花香及果香，品評時茶菁條件良好的茶品，口感圓潤富活性，萎凋及發酵得宜則呈現甘甜醇厚，餘韻持久之口感。

（五）葉底

包種茶製造得宜時，沖泡後葉底平順柔嫩，在評鑑杯中呈現蓬鬆狀，葉緣略呈紅褐色（圖 5-17）。若萎凋及攪拌不當，容易呈現受傷、褐變及色澤不均的狀況。是否有受到病蟲危害也可以由葉底觀察。

圖 5-17　文山包種茶葉底。

五、結語

包種茶製程是部分發酵茶類中屬發酵程度較輕的一種茶類，採摘時以開面（對口芽）仍保有彈性，纖維化程度較低的茶菁進行製造，條索緊結、葉尖自然捲曲，色澤墨綠有光澤，嫩葉稍鑲紅邊；水色蜜綠至蜜黃、澄清透亮；香氣幽雅純淨，以花香爲主，發酵程度稍重的有時能品嘗到果香；口感圓潤富活性，甘甜醇厚具餘韻。臺灣產製包種茶的地區分布極廣，而以文山包種茶最具代表性。

六、參考文獻

1. 林馥泉。1956。烏龍茶與包種茶製造學。大同書局。
2. 甘子能、林義恆。1988。認識臺灣的包種茶。臺灣省茶業改良場文山分場。
3. 區少梅、蔡永生、張如華。1990。不同品種包種茶官能品質與化學組成之特徵與判別分析。臺灣茶業研究彙報 9: 79-89。
4. 鄭正宏。1994。臺茶 12 號製造條形包種茶之研究。臺灣茶業研究彙報 13: 91-112。
5. 張鳳屏、楊光盛。1994。包種茶中無機成分之含量與其浸出率之研究。臺灣茶業研究彙報 13: 121-138。
6. 張連發、賴滋漢、盛中德。1997。以紅外線萎凋茶菁製造包種茶之研究。臺灣茶業研究彙報 16: 19-28。

06

清香烏龍茶（高山烏龍茶）製造技術與品質特色

文、圖／邱垂豐、黃正宗、簡靖華、蔡政信

一、前言

清香烏龍茶一般指外觀球形、輕發酵，並以展現茶葉原香（未烘焙或輕烘焙）之部分發酵茶，只要能呈現此特色之茶葉，皆可稱之爲清香烏龍茶，與茶葉產區無絕對關係。惟目前茶葉消費市場之清香烏龍茶主要以高山烏龍茶占多數，因此，現在市場上之清香烏龍茶多指高山烏龍茶。

臺灣茶園的開墾與拓展，主要是由北部向中南部發展，早期茶園皆分布中、低海拔之丘陵地或山區，約在 1970 年代中期之後，茶園開發始向較高海拔發展，並逐漸發展出「高山烏龍茶」這新的茶葉品項。一般慣稱之「高山烏龍茶」指海拔超過 1,000 公尺以上之茶園所生產之球形烏龍茶（俗稱烏龍茶）（圖 6-1），因高山氣候冷涼，早晚受雲霧籠罩，平均日照時數短，其所含之兒茶素類等苦澀成分含量降低，茶胺酸及可溶氮等對甘味有貢獻之成分含量提高，芽葉柔軟，葉肉厚，果膠質含量高（楊和賴，1997）。因此，高山烏龍茶具外觀色澤翠綠鮮活，滋味甘醇滑軟帶活性，香氣淡雅細緻之特色，深受消費者喜愛。

圖 6-1　臺灣高山茶區。

嘉義縣梅山鄉龍眼林茶區爲臺灣高山烏龍茶發展之濫觴。臺灣高山烏龍茶之產區主要分布於中央山脈、阿里山山脈、玉山山脈、雪山山脈及臺東山脈等，主要以臺灣中、南部的山區種植面積最多，北部山區亦開始進行高山烏龍茶之生產。目前臺灣高山烏龍茶生產區包含桃園市復興區；新竹縣五峰鄉及尖石鄉；苗栗縣泰安鄉及南庄鄉；臺中市和平區；南投縣的仁愛鄉、信義鄉、竹山鎮及鹿谷鄉；雲林縣的古坑鄉；嘉義縣的梅山鄉、竹崎鄉、番路鄉及阿里山鄉等（農業部農糧署，2021）。目前全國高山烏龍茶面積達 6,514 公頃，占全國植茶面積（12,251 公頃，2021 年）50 %以上（表 6-1）。

▼ 表 6-1　臺灣高山烏龍茶生產區域及面積

縣市	面積（公頃）	主要生產區域
桃園市	48	復興區
新竹縣	54	五峰鄉、尖石鄉
苗栗縣	9	泰安鄉、南庄鄉
臺中市	452	和平區
南投縣	3,751	仁愛鄉、信義鄉、竹山鎮、鹿谷鄉
雲林縣	374	古坑鄉
嘉義縣	1,826	梅山鄉、竹崎鄉、番路鄉、阿里山鄉
合計	6,514	

註：2021 年農業統計年報資料。

二、茶菁原料選擇與處理

欲生產製造品質優良之清香烏龍茶，首重茶菁原料之選擇，高山烏龍茶常見之茶樹品種以青心烏龍、臺茶 12 號（金萱）及臺茶 20 號（迎香）爲大宗（圖 6-2）；高山烏龍茶茶菁採摘標準爲茶園整體茶菁對口芽 20 ～ 30 %，以人工採摘一心二葉至三葉及對口芽二葉至三葉爲佳（圖 6-3）。茶菁過嫩其水分含量較高，製茶過程中容易造成茶芽損傷產生粗澀之口感，而嫩芽中多元酚類含量較高，茶湯苦澀味偏高，影響口感且香氣較不揚；若茶菁成熟度過高容易纖維化，且多元酚類、胺基酸等含量較低，茶湯易顯淡澀且香氣不佳。製好茶的必要條件，是要有好的茶菁原料。因此，茶菁要適時採摘，故有一句諺語「茶菁前三天是寶，後三天是草」。

圖 6-2　高山烏龍茶以青心烏龍（左）和臺茶 12 號（右）兩品種為主。

圖 6-3　高山烏龍茶茶菁採摘及標準。（右圖之左邊為一心二葉至三葉茶菁、右邊為對口芽二至三葉茶菁）

一般茶菁管理要領爲輕手處理，忌長時間置於茶籠，減少搬運損傷變質，採摘後之茶菁宜置於通風少之陰涼處，收集茶菁後，並每隔 1 ～ 2 小時儘快送到茶工廠製造（林，1956）。

茶菁依採收時段可分爲「早菁」、「午菁」及「晚菁」，早菁指上午 10 時前採收之茶菁，一般採茶人員常於清晨即開始進行茶菁採摘作業，此時露水仍重，因此，茶菁表面附著大量露水，須適度去除露水以免影響日光萎凋之效率，露水過多伴隨著日光萎凋時之高溫，容易造成茶菁之損傷導致紅變影響走水；午菁爲約上午 10 時至下午 3 時採收之茶菁，表面露水已乾，此時段之氣溫及陽光亦較適於日光萎凋之進行，有利於製成品質較佳之茶葉；晚菁指大約下午 3 時之後採摘之茶菁，高山茶區下午 3 時之後氣溫降低，日照強度減少，亦常開始出現雲霧，易造成日光萎凋之不足，對於後續發酵階段亦可能因爲夜間溫度過低而影響發酵之進行。目前製茶廠普遍設置空調及除溼設備，可將空氣溼度及溫度控制在最佳範圍，降低因露水、溫度（氣溫、日照）及溼度等環境因子對製茶品質帶來之不良影響。

三、高山烏龍茶製造技術

高山烏龍茶屬於部分發酵茶，其製造流程爲（林，1956；楊和賴，1997；行政院農業委員會茶業改良場，2002）：

茶菁 → 日光萎凋 → 室內靜置萎凋 + 攪拌 → 炒菁 → 揉捻 → 初乾 → 團揉 → 乾燥

（一）日光萎凋

將茶菁攤於布埕（攤菁布）或笳籬上（每平方公尺攤放 0.6 ～ 1.0 公斤）置日光下進行萎凋，萎凋葉面溫度（或稱日曬溫度）以 30 ～ 40 ℃爲宜，日曬溫度高於 40 ℃時宜用紗網遮蔭以免曬傷變成「死菜」（此指曬傷之茶菁）。萎凋過程中視茶菁水分消散情形，酌予輕翻 2 ～ 3 次使萎凋平均，萎凋時間一般爲 10 ～ 20 分鐘（日曬強度微弱時可延長至 30 ～ 40 分鐘），視茶菁水分消散情形而定。日光萎凋程度以觀察茶菁，第二葉或對口第一葉光澤消失，葉面呈波浪狀起伏，以手觸摸有柔軟感，聞之菁味已失而有茶香爲適度，日光萎凋過程中茶菁重量約減少 8 ～ 12 %爲宜（圖 6-4 左）。

若日曬溫度在 28 ℃以下或雨天時，宜以熱風萎凋代替日光萎凋。使用熱風萎凋的方式有二種，一爲設置熱風萎凋室，利用乾燥機或熱風爐之熱風（亦可伴隨使用除溼設備）以風管導入室內萎凋架下方（切忌熱風直接吹向茶菁），室內另設新鮮空氣的入口及出口，使空氣對流，熱風萎凋室之溫度以 35 ～ 38 ℃爲宜（熱風溫度 40 ～ 45 ℃），攤葉厚度每平方公尺 0.6 ～ 2.0 公斤茶菁，萎凋時間一般爲 20 ～

50 分鐘。另一種方式爲設置送風式萎凋槽，將茶菁平均攤放於萎凋槽內，攤葉厚度 5 ～ 10 公分，熱風溫度 35 ～ 38 ℃，風速每分鐘 40 ～ 80 公尺，萎凋所需時間一般爲 10 ～ 30 分鐘。熱風萎凋進行中宜輕翻茶菁 2 ～ 3 次使萎凋均勻，雨水菁則宜多翻幾次，以使茶菁表面水分容易消散而易於萎凋之進行（圖 6-4 右）。

圖 6-4　茶菁日光萎凋（左）或熱風式萎凋槽萎凋（右）。

（二）室內靜置及攪拌

茶菁經日光萎凋或熱風萎凋後，繼續進行室內靜置及攪拌製程。將茶菁移入萎凋室，並薄攤於笳簾上，攤菁厚度每平方公尺 0.6 ～ 1.0 公斤，靜置 1 ～ 2 小時，待葉緣因水分蒸散而呈微波浪狀時進行第一次攪拌，動作宜輕，時間宜短（約攪拌 1 分鐘）。隨攪拌次數之增加而動作漸次加重，攪拌時間亦隨之增長，攤菁亦逐漸增厚，而靜置時間逐漸縮短，一般攪拌次數爲 3 ～ 5 次，每次攪拌後靜置時間爲 60 ～ 120 分鐘。最後一次攪拌時，將茶菁置於浪菁機攪拌，以取代人工攪拌（俗稱大浪），此時一般已近午夜時分，氣溫驟降。因此，最後一次靜置（合堆發酵）時攤菁宜厚，以提高茶菁中溫度加速發酵作用的進行，而產生高山烏龍茶特有的香氣與滋味，待靜置 60 ～ 180 分鐘後，俟菁味消失而發出清香即可炒菁。

室內萎凋之第一次與第二次攪拌程度極爲輕微，僅將鮮葉輕輕撥動翻轉而已，若初時攪拌力道過重則茶菁容易受傷、萎凋不均勻，而引起「包水」現象，致使茶葉外觀色澤暗黑，茶湯水色黃且滋味苦澀；若攪拌不足則高山烏龍茶特有之香氣不揚，甚而具臭菁味。因此，須視茶樹品種、茶菁性質、季節與天候狀況調節室內萎凋所需時間及攪拌次數（圖 6-5）。

圖 6-5　茶菁室內靜置（左）及攪拌（右）。

此外，臺灣中南部高山茶區，其茶菁萎凋、室內靜置及攪拌的製茶過程中常受限於茶菁量及製茶廠空間不足等問題，於民國 83 年（1994）後紛紛將傳統笳籬改以層積式萎凋架設備進行茶菁靜置萎凋作業，此不但解決製茶廠空間不足之問題，亦可節省萎凋與攪拌的時間及人力不足等問題；並導入空調系統，利用溫溼度進行調控，有利於茶菁進行萎凋作業，保留高山烏龍茶香氣與滋味之特色（圖 6-6）。

圖 6-6　層積式萎凋架設備。

（三）炒菁

炒菁主要目的爲利用高溫破壞茶菁中酵素活性，並適度減少茶菁之含水量。目前常見以炒菁機進行（圖 6-7），炒菁時以炒菁機�溫 280 ～ 330 ℃爲宜，初炒時具「啪，啪」聲響。炒菁時間隨茶葉性質及投入量而異，炒至無臭菁味，以手握之，葉質鬆軟具彈性及芳香撲鼻即可。炒菁時切忌炒菁過度，葉緣有刺手或炒焦均不宜，亦不可起鍋太早，茶菁未炒熟（酵素活性破壞不足）將導致成品帶菁味、紅梗及未來茶葉品質容易劣變。

圖 6-7　炒菁（高煜棠攝）。

（四）揉捻

茶葉炒菁完成出鍋後，以手翻動 2 ～ 3 次使熱氣消散，即投入望月氏揉捻機內揉捻，宜採二次揉捻，初次揉捻 1 ～ 2 分鐘後稍予放鬆解塊散發熱氣，第二次揉捻 1 ～ 2 分鐘後進行解塊散熱；適度揉捻可使茶葉初步成為捲曲形，並可破壞茶葉細胞，使其汁液附著於表面，使茶葉沖泡時易溶出於茶湯中，增加口感及濃稠度（圖 6-8）。

圖 6-8　揉捻（高煜棠攝）。

（五）初乾

將揉捻解塊過後之茶葉，置於甲種乾燥機初乾至茶葉表面無水，茶梗握之柔軟有彈性不黏手（亦稱半成品）（圖 6-9）。茶葉加工製造至此時已深夜，可將初乾後之茶葉半成品攤於笳簅，並放置於避風處靜置，茶梗中水分經過一段時間擴散，使初乾茶葉表面重新回潤，可以提高半成品可塑性，有利於團揉。

圖 6-9　甲種乾燥機（左）初乾至茶葉表面無水（右）（高煜棠攝）。

（六）團揉

團揉前須先經過覆炒，即將初乾之茶葉半成品以圓筒炒菁機加熱回軟，加熱至葉中溫達 60 ～ 65 ℃，時間約 3 ～ 5 分鐘，以提高茶葉團揉可塑性，再裝入特製之布巾或布球袋中（圖 6-10）。

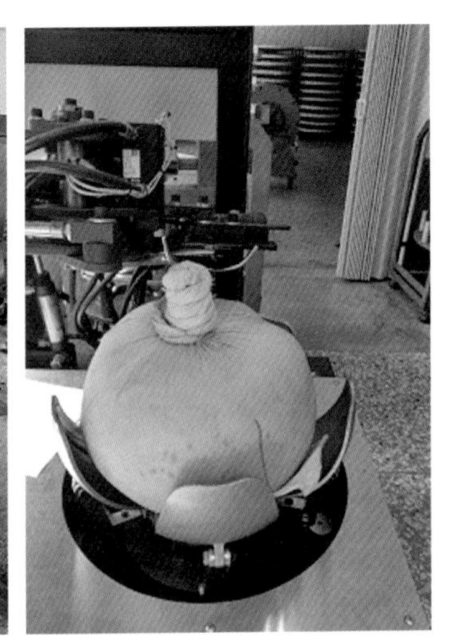

圖 6-10　覆炒（左）、團揉（中）、團揉後茶布球（右）。

將覆炒後之茶葉裝入特製之布巾或布球袋中，再以蓮花束包機、布球揉捻機（平揉機）或擠壓機進行團揉。團揉時須多次反覆行之，適時利用解塊機進行解塊，再行覆炒，再裝入布球袋中進行團揉，使茶葉中水分慢慢消散，外形逐漸緊結，最終經 20 ～ 30 次以上團揉，可將半成品茶葉揉成半球形或球形茶（圖 6-11）。

圖 6-11　利用蓮花束包機（左）、布球平揉機（中）及擠壓機進行茶葉團揉（右）（高煜棠攝）。

（七）乾燥

利用乾燥機或烘箱進行團揉後之乾燥步驟，目的為降低茶葉含水量至 5 %以下，並利用高溫破壞炒菁時殘留之酵素活性，使茶葉不再繼續發酵，並固定茶葉品質（圖 6-12）。

圖 6-12　利用甲種乾燥機（左）進行團揉後之乾燥（右：初製茶）。

四、高山烏龍茶品質特色

（一）外觀

一般高山烏龍茶之茶菁採摘以一心二葉至三葉標準茶芽為主，其茶葉外觀緊結成球形，色澤翠綠富光澤（圖 6-13）。

圖 6-13　高山烏龍茶外觀。

（二）水色

臺灣所產製之高山烏龍茶，茶湯清澈明亮、水色蜜綠顯黃（圖 6-14）。

圖 6-14　高山烏龍茶茶湯水色。

（三）香氣

臺灣所產製之高山烏龍茶，花香及甜香爲首要著重之香氣分類，其香氣在各季節略有所差異，春茶之茶葉香氣淡雅細緻；夏茶及秋茶香氣明顯但稍欠細緻；冬茶茶葉香氣淡雅。

（四）滋味

高山烏龍茶在各季節中以春茶之品質較佳，滋味甘醇滑軟帶活性；夏茶及秋茶因生長期間日照較長且溫度較高，因此，茶芽中多元酚及咖啡因含量較其他季節高，茶湯圓滑度及甘醇度較不足；冬茶因生長期間溫度降低，滋味甘甜滑軟。

（五）葉底

高山烏龍茶屬輕發酵茶類，茶葉經沖泡後自然展開，葉底葉緣略帶紅邊，葉質柔軟（圖 6-15）。

圖 6-15　高山烏龍茶葉底。

（六）風味描述

清香型球形烏龍茶以高山烏龍茶爲代表，然而不同茶區之高山烏龍茶所呈現的風味亦有所差別，主要爲茶樹品種、栽培環境、製造過程及烘焙時間等不同，皆會對茶葉風味產生影響。等級愈高之高山烏龍茶，所呈現的特殊風味較爲清楚明顯，如青心烏龍之香氣呈現茉莉花、蘭花或梔子花等花香特色；臺茶 12 號（金萱）則帶有獨特的奶香或花果香、水蜜桃香等。在清香型球形烏龍茶的風味輪中，花香及甜香爲首要著重之香氣類別，次之依序爲果香、青香、堅果雜糧、焙香及其他等香氣。

在眾多造成茶葉風味差異的環境因子中，若摒除海拔、緯度、雲霧、雨量、坡向等環境因子，僅就各茶區之土壤型態及質地而言，大致可將臺灣高山茶區風味歸納爲二大類。

1. 土壤屬於土層淺或石礫類型之高海拔茶園，如南投縣仁愛鄉、信義鄉及臺中市和平區梨山茶區，製茶時宜以表現「清純、鮮甜」茶湯滋味之輕發酵製法，但不能出現菁味、發酵不足之缺點。
2. 土壤屬於土層較厚、肥力佳類型之高海拔茶園，如南投縣杉林溪及嘉義縣茶區，製茶時宜稍微提高發酵程度，讓茶湯表現出「發酵花香」之特色，但切勿發酵過度，因而失去高山烏龍茶「清甜圓潤」之應有風味。

五、結語

高山烏龍茶每年可採收 3 ～ 4 次，依採收季節可區分爲春茶、夏茶、秋茶及冬茶共 4 次。然而海拔愈高之茶區因溫度較低，茶芽生長速度較慢且適合茶芽生長時期較短，亦有可能僅採收春茶、夏茶及冬茶 3 次，甚至僅採製春、冬二季。相較於傳統中、低海拔茶區所生產的茶葉，「高山烏龍茶」共同的特色爲茶葉外觀緊結成球形，色澤翠綠鮮活，水色蜜綠顯黃，香氣悠揚，滋味清甜圓潤、甘醇飽滿、苦澀味較低及耐沖泡等。

除此之外，每個高山茶區會因爲不同的氣候環境及栽培管理等因素影響，而有不同的香氣與滋味，例如海拔、緯度、日夜溫差、雨量、坡向、土壤特性及肥培管理等，都是造成不同高山茶區茶葉特色差異的因素。因此，每一個高山茶區所生產的茶葉，皆有其特殊的風味，即俗稱之「山頭氣」（楊和賴，1997）。

六、參考文獻

1. 行政院農業委員會茶業改良場。2002。部份發酵茶製造。製茶技術。pp. 5-13。行政院農業委員會茶業改良場。
2. 行政院農業委員會農糧署。2021。農業統計年報。
3. 林馥泉。1956。烏龍茶及包種茶製造學。pp. 49-129。大同書局。
4. 楊盛勳、賴正南。1997。台灣茶葉起源與特色。財團法人台北市七星農田水利研究發展基金會。

07

凍頂烏龍茶製造技術與品質特色

文、圖／林儒宏

一、前言

凍頂烏龍茶產區早期位於南投縣鹿谷鄉凍頂山麓一帶，海拔高度約 600 至 1,200 公尺，由於氣候涼爽，雨量充足，土壤肥沃，且日照溫和，晝夜常有雲霧籠罩，極適合茶樹種植生產。

黃素眞（2011）曾依據清代古文書資料指出，最晚至道光 10 年（1830），已有溫厚、蘇皎二人合作，開墾成今鹿谷鄉大坪頂（現今凍頂山坪頂）地區茶園，而在當時大坪頂地區尚有邱福興的茶園，當時所種植茶種爲「蒔茶」（林，1984）。

民國 60 年代（1971）初期，歷史學者陳哲三曾於鹿谷採訪時，採得凍頂茶小葉種爲清治時期鹿谷鄉籍舉人林鳳池自中國攜回種植的說法。由於此說法未有其他資料佐證，陳氏在文末附上「未知確否，姑存其說」用語（林，1995）。

然其後，此說法卻不斷被增添和擴大，最後演變爲：林鳳池於咸豐 5 年（1855）赴福建省應試，並高中舉人，爲報答鄉民助其赴考盤纏，特從福建武夷山帶回 36 株青心烏龍種壓條之茶苗，分植於自宅、凍頂、清水溝等處（林，1981）。林鳳池儼然是南投縣小葉種茶樹最早的引進者。

林鳳池引進凍頂茶樹的說法，屢受到專家學者的質疑。如茶業專家林啟三即認爲：以當時的技術，林鳳池遠從福建攜回茶苗到鹿谷種植，由於所費的時間太長，且壓條苗柔軟，茶苗必定枯萎，如果是帶回種子，比較有存活的可能性；林氏認爲凍頂茶樹無論是蒔茶或是青心烏龍，都是由臺灣北部引入的可能性較大（馬等，2018）。歷史學者陳哲三時隔 30 年，先後發表〈凍頂茶不始於林鳳池移植說〉（陳，1978）、〈從水沙連茶到凍頂烏龍茶—鹿谷凍頂烏龍茶移入傳說考〉（陳，2008）兩篇論文，考據林鳳池並非引進凍頂茶者；後文更進一步指出凍頂茶是福建傳入的小葉種茶，係光緒初年凍頂莊民自北臺灣移入，而林鳳池移植凍頂茶之傳說，乃民國 60 年代（1971）鹿谷鄉籍詩人張達修爲彰美凍頂茶所創造。

陳哲三指出，凍頂茶係清光緒初年凍頂莊民自北臺灣移入之說法，依據的資料爲日治初期日本當局的經濟調查資料，可信度不低，也與林啟三所認爲凍頂茶由臺灣北部引入可能性較大之推斷相吻合。

如前所述，鹿谷鄉在清治及日治時期，凍頂烏龍茶已是名聞遐邇。民國 73 年（1984），茶改場凍頂工作站（茶改場南部分場前身）成立於初鄉村，針對本區茶葉之產、製、銷相關技術進行研究、改良及輔導，更提高了凍頂烏龍茶的品質。

凍頂烏龍茶屬部分發酵茶類，其與包種茶齊名，並稱爲「北包種、南凍頂」，主要品種爲青心烏龍。民國 100 年（2011），凍頂烏龍茶獲經濟部智慧財產局核准，成爲南投縣第一個實施茶產地證明標章的茶區，由鹿谷鄉公所把關，確保凍頂烏龍茶之品質。

二、茶菁原料選擇與處理

茶菁摘採以手採爲主。採收標準爲「一心二葉」或「一心三葉」，採茶季節有春、夏、六月白、秋、冬等 5 季，以春、冬兩季採收後製成之品質較佳。

凍頂烏龍茶製程繁複，發酵度深，復加需以焙火始能呈現其特色，故茶菁成熟度的控制極其重要，一般約在整體茶菁對口芽占 50 ～ 70 %左右爲最佳。茶菁成熟度不足其茶梗水分含量較高，葉片亦未完全展開，日光萎凋進行不易，製茶過程中攪拌稍有不當，容易造成茶芽損傷，葉片消水受阻，成茶產生粗澀之口感；若茶菁成熟度過高形成纖維化，且多元酚類、胺基酸等含量較低，茶湯易呈淡粗澀感。

三、凍頂烏龍茶製造技術

由於部分發酵茶在臺灣已成爲主流，然球形烏龍茶之製造過程仍是日治時期半球形包種茶[1]做法的延續，製造過程改變不大，但過程中茶菁水分控制、攪拌手勢輕重等細部控制與使用機器較過去改良許多。因此，茶改場對球形烏龍茶製程與方法，運用現代化技術，推廣至臺灣各茶區，藉以提升臺灣茶葉品質。南投縣的球形烏龍茶在製造過程時須經過布球包覆揉捻（團揉），外觀上緊結成半球形，色澤呈墨綠，水色金黃亮麗，爲南投縣茶葉生產的主要品項，百年來通稱爲「凍頂烏龍茶」。

1　此時期所稱半球形包種茶現已改稱球形烏龍茶，可參考附錄 A 說明。

傳統凍頂烏龍茶的製程大致上可分爲：

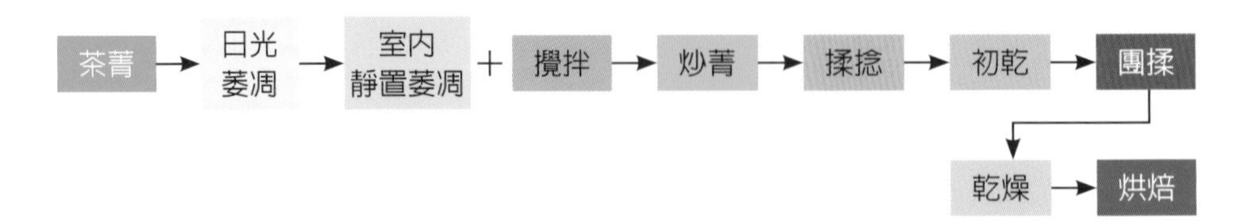

（一）日光萎凋

茶菁送至製茶場所後，需均勻地攤開在專用的笳簾、帆布上散熱，以防止剛採下來的茶葉因積熱而紅變（圖 7-1）。曬菁時需要用手或是竹耙將茶菁鋪成均勻的厚度，讓每片茶菁都能平均接受日照，如此萎凋才會均勻。

在日光萎凋期間，需注意日照強度，避免茶菁直接曝曬，有時會使用遮蔭網調整曝曬程度，同時也會反覆將上下層的茶菁翻拌，並避免踩踏或壓損到茶菁。由於天氣、時間與茶菁的條件不同，每次進行日光萎凋時，需要依賴製茶經驗及利用感官去判斷萎凋的程度，並做適度調整，通常日光萎凋程度約爲水分減少 12 ～ 25 %。

曬菁使茶葉逐漸萎凋、色澤漸轉暗淡，茶菁內的氧化酵素轉而活絡，以利後續發酵之進行。通常在製造凍頂烏龍茶時，除非遇到陰雨氣候不適合進行日光萎凋，才會運用到熱風萎凋或萎凋槽萎凋。

圖 7-1　日光萎凋。

（二）室內靜置萎凋及攪拌

曬菁後的茶菁移至室內繼續靜置萎凋 90 ～ 180 分鐘後，再以雙手或浪菁機翻拌茶菁，促使茶菁水分重新分布，並使葉緣細胞因摩擦而進行氧化（圖 7-2）。部分發酵茶之發酵作用，主要始於萎凋步驟，所以透過日光萎凋、室內萎凋及攪拌，促進茶葉發酵，為製造部分發酵茶產生特有色、香、味的重要步驟。

傳統凍頂烏龍茶製程一般攪拌 4 次，經過 2 次徒手攪拌後，為提升攪拌效能及其均勻度，會將茶菁移至攪拌機進行約 5 ～ 10 分鐘短時間慢速攪拌，一般稱為「小浪」。後續之第四次機械攪拌，攸關成茶香氣類型及滋味濃稠度，亦是確定發酵程度是否具備凍頂烏龍茶特色的重要因素，業界通稱為「大浪」。故大浪前的茶菁條件、萎凋（失水）程度，當日之製茶氣候（溫溼度）等，均為確定攪拌程度（時間、手勢及速度）的重要參考因子，經驗豐富的製茶師傅，從第四次攪拌後茶菁的香氣及手感，約略可判斷第二天成茶的品質特徵。

圖 7-2　室內靜置萎凋及攪拌作業。

「大浪」後的茶菁即可給予合堆、增厚攤菁於笳篱，讓茶菁靜置發酵，因茶菁會進行氧化作用，其茶菁合堆內部溫度及溼度會上升，其過程中會依進程時間產生花香、果香、熟果香等不同香氣類型，另可觀察茶梗與葉柄間的生長接合點，會產生微紅到粉紅色的三角點，俗稱「目珠」或「鴿子目」，這是茶菁在深度萎凋、發酵後產生「離層」現象，發酵更深者炒菁後葉片會有脫落情形；發酵過程中茶菁因呼吸熱在笳簾上面會有溼潤感，當茶菁散發濃郁香味，表示茶菁發酵程度已達適炒階段，即可進行後續炒菁製程（圖 7-3）。

圖 7-3　葉柄目珠及笳簾底部溼潤感。

（三）炒菁

茶菁經過室內萎凋攪拌及合堆發酵後，接續進行炒菁，此爲製茶過程的重要關鍵。以高溫炒菁破壞茶菁中酵素活性，停止茶葉繼續氧化作用，並去除鮮葉中的菁味。早期是用鐵鍋手炒，以木柴爲燃料，製茶人員以經驗判斷炒茶的程度，來決定是否完成。現今多採用滾筒式炒菁機，利用空壓控制自動傾卸的裝置，讓製茶人員可依需要設定炒菁時間，並能適時自動倒出，減輕體力負擔，提高作業效率，也可保持穩定而齊一的炒菁品質。一般炒菁溫度（鋘溫）約 280 ～ 330 ℃間，炒菁時間約 7 ～ 10 分鐘，炒菁以高溫終止茶菁發酵、散發水分，固定茶葉香氣、滋味外，同時亦使茶菁變爲柔軟，有利後續初揉及團揉製程（圖 7-4）。

圖 7-4　炒菁作業。

（四）揉捻

揉捻主要目的在破壞茶菁組織，使茶葉汁液被擠出黏附於茶葉表面，沖泡時香氣及滋味更易釋出。早期在製茶過程中，揉捻爲最耗費人力之步驟，使用手臂、手腕的力量破壞茶葉的表皮細胞，讓汁液滲出。現在則使用望月氏揉捻機代替人工揉捻，以獲得較佳的揉捻效果及穩定品質，每次揉捻時間爲 15 秒至 2 分鐘內（圖 7-5）。

圖 7-5　揉捻作業。

（五）初乾

初乾爲將揉捻完畢的茶菁解塊後，放置乾燥機進行初乾（圖 7-6），去除茶葉表層水分，使其維持半乾狀態。經驗上以雙手輕握，茶葉呈柔軟富彈性，不黏手爲佳。初乾後的茶菁需靜置數小時後，使其吸收空氣中的溼度，茶菁梗、葉的水會重新分配平衡，產生回潤現象，以利後續團揉。

圖 7-6　甲種乾燥機初乾作業。

（六）團揉

條形茶經過揉捻後，即可直接乾燥完成製程。若要將成茶外觀變成球形或半球形，則「半成品」需要再經過團揉的程序。團揉是以布巾包覆初乾回潤後之半成品，利用手工或機器反覆包揉、解塊、覆炒等程序，讓外觀逐漸形成半球形或球形，團揉除具有整形作用外，更因茶葉在仍保有溫度、水分之下，反覆包揉而提升成茶滋味濃稠度。

以布巾包覆初乾過後的茶菁，目的在確保團揉時茶菁不會碎裂。傳統以布球包裹後用人力揉捻，現今逐漸地以束包機與平揉機等機械化取代手工，重複多次團揉使茶葉水分慢慢消散，外形漸緊結呈（半）球形狀。團揉過程相當耗費時間，需經過反覆的覆炒、束包、平揉及解塊等步驟。

民國 100 年（2011）後擠壓成形機廣泛使用，也造成製茶流程的改變，如覆炒過程由原來炒菁機逐漸被甲種乾燥機取代，團揉過程中也少用平揉機，造成茶湯滋味偏淡。目前的改善流程，即先以擠壓機整形縮小體積，後段再以傳統製程用蓮花束包機與平揉機完成整形作業。

團揉整形流程之演變，可參考圖 7-7 ～圖 7-9。

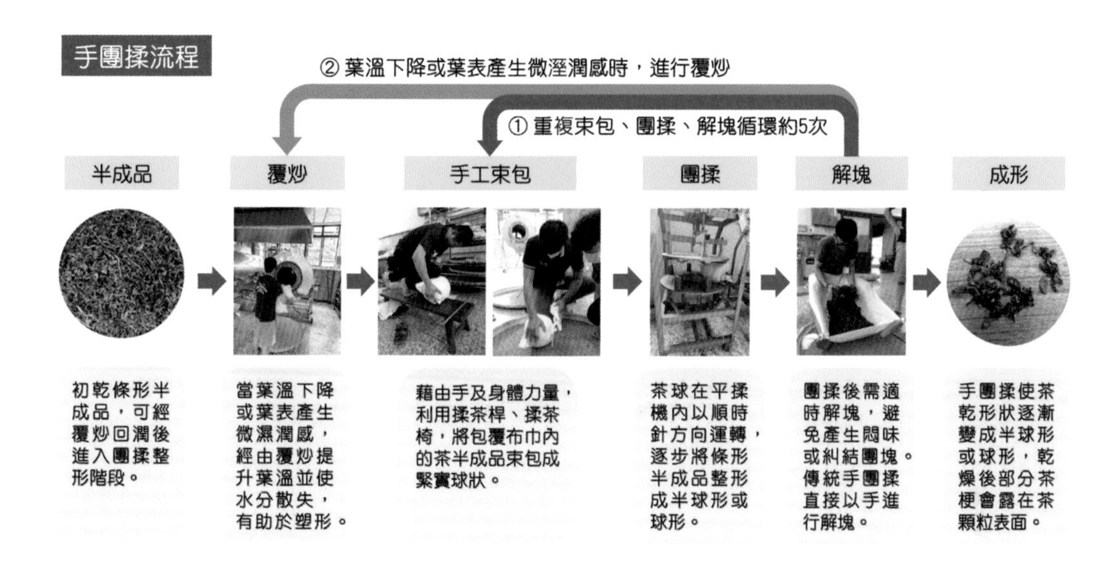

圖 7-7　手團揉流程。

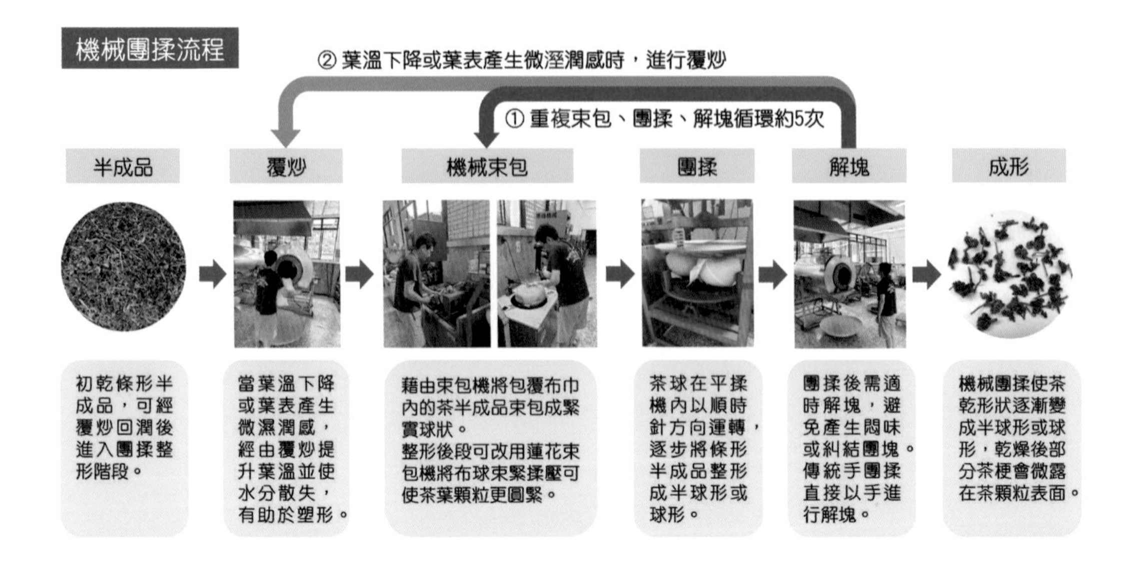

圖 7-8　機械團揉流程。

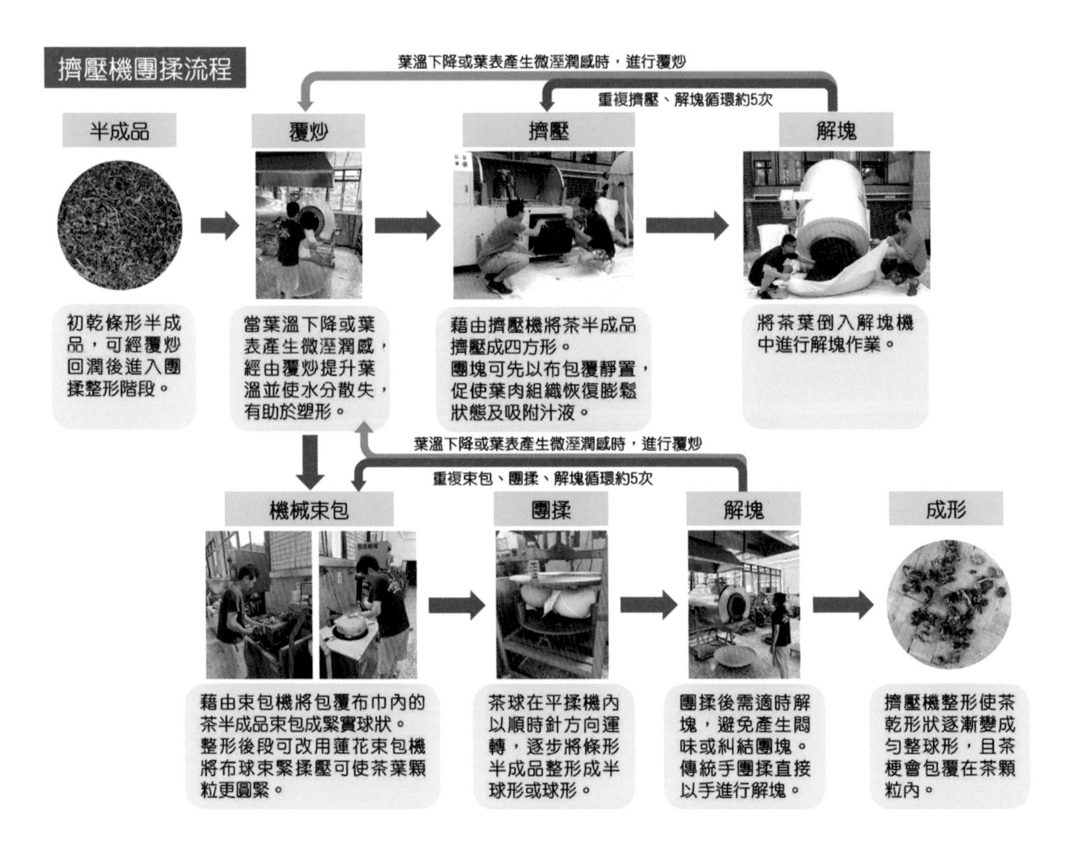

圖 7-9　擠壓機團揉流程。

（七）乾燥

團揉成形後的茶葉需做最後的乾燥，藉以穩定品質及利於保存，完成後的茶乾稱之爲毛茶或粗製茶。早期凍頂烏龍茶的乾燥是利用炒菁後的炭火來烘乾，後有瓦斯熱風手拉式乾燥機（乙種乾燥機），現今則都改以連續式熱風乾燥機乾燥（甲種乾燥機），乾燥程度以含水率降至 3 ～ 4 ％以下爲最佳。

（八）烘焙

爲了降低毛茶含水量、去除雜味，粗製茶需依茶葉特質進行不同程度的烘焙。烘焙前，毛茶必須先經過手工或機械撿選，以去除茶梗、黃片、茶角、茶末後，使用炭焙、電焙籠或箱型焙茶機等烘焙工具進行烘焙，完成後的茶葉即爲精製茶，包裝後成爲市面所見的茶葉商品。烘焙爲精製茶最後一個步驟，目的在於降低毛茶含水量、去除雜味及改善茶葉的香氣與滋味。因此，去水、去雜、補特色，焙乾、焙清、增風味，便是凍頂烏龍茶最獨具的特色。

傳統烘焙方式爲炭焙，以相思木或龍眼木所製成的木炭，將其鋪設於炭爐裡燃燒，待木炭完全燃燒後壓平、壓緊使其密實，於炭火上覆蓋炭灰，用以調節炭爐溫度，將焙籠置於炭爐上，運用熱對流作用與木炭燃燒時的熱輻射作用，以利提升茶葉葉面的溫度與熱能的穿透。木炭燃燒時的所釋出的香氣，也會附著於茶葉，增添其風味。炭焙時需不定時翻動毛茶使其受熱均勻，同時需隨時觀察木炭燃燒情形，此需相當的經驗與技術才能妥善控制毛茶焙火程度。

現今在茶葉烘焙多使用箱型焙茶機（圖 7-10），可控制溫度、入出風口開閉、時間等，使烘焙茶葉較炭焙更爲便利，也是目前在烘焙茶葉上廣泛使用，通常焙香型球形烏龍茶起始溫度範圍從 95 ～ 105 ℃開始，收尾溫度約爲 115 ～ 130 ℃，累計烘焙時間約爲 15 ～ 48 小時，因烘焙茶葉並未有絕對公式，仍須依茶葉發酵程度，適度調整烘焙的溫度與時間，並可配合電焙籠使用。

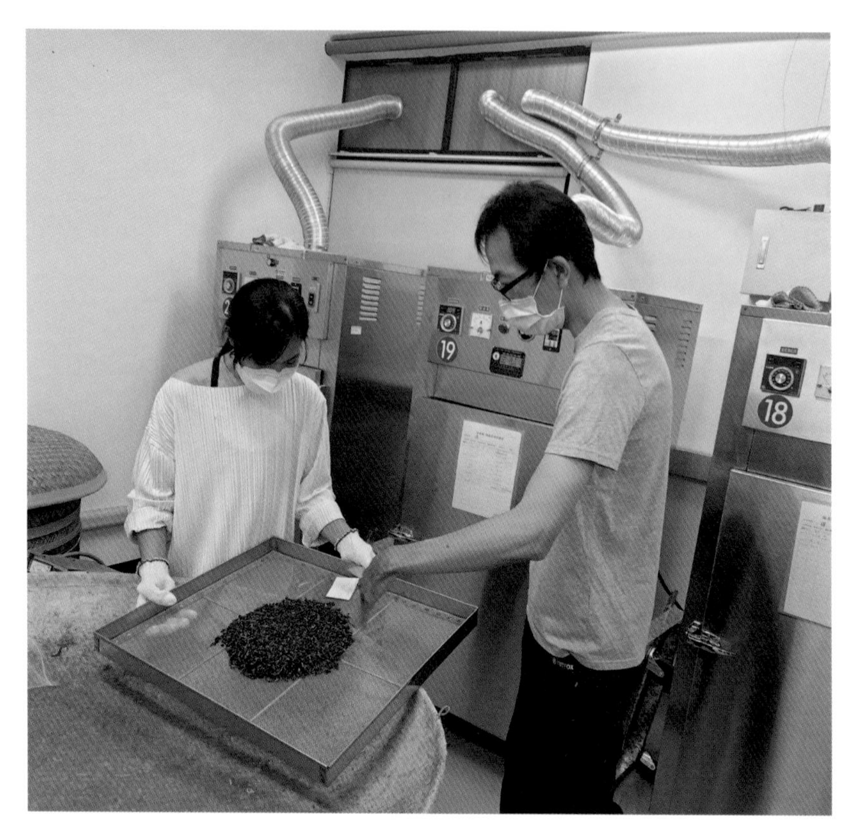

圖 7-10　茶葉烘焙。

（九）凍頂烏龍茶製程之演變

南投縣鹿谷鄉的凍頂烏龍茶馳名中外，其相關生產製程隨著時代的演變而有所變化，爲使讀者充分了解凍頂烏龍茶製程的演變，特將不同時期的生產製程列表如下：

▼ 表 7-1 凍頂烏龍茶不同時期之生產製程演變

<table>
<tr><th>製程</th><th>民國 50 年代（1961）</th><th>民國 60 年代（1971）</th><th>民國 70 年代（1981）</th><th>民國 80-90 年代（1991 - 2001）</th><th>民國 100-110 年代（2011 - 2021）</th></tr>
<tr><td>採茶</td><td colspan="5">茶農互相換工，或由採茶仲介提供專業採茶人力。
採茶人員配置小型塑膠製茶簍採茶，再裝入大型塑膠製茶簍，用人力或汽車載運茶菁。</td></tr>
<tr><td>日光萎凋</td><td>用麻竹等搭成簡易曬菁架，笳篩置於架上曬菁。茶菁成熟度高，曬菁時間長。</td><td>民國 65 年起改用布幔或帆布曬菁。</td><td>鋪設水泥曬場，架設遮蔭網以控制陽光及曬菁時間。</td><td colspan="2">1. 大型室內外曬場，搭建透明採光罩及溫溼度控制設備，控制陽光及利於陰雨天茶菁處理。
2. 大型製茶廠開始出現，形成專業分工。</td></tr>
<tr><td>室內萎凋及攪拌</td><td>1. 笳篩上茶菁靜置後手拌或用手搖式攪拌。
2. 茶菁堆成圓錐體狀，冬茶以笳篩覆蓋提高發酵。</td><td>1. 民國 65 年起使用動力浪菁機。
2. 保有傳統凍頂烏龍茶發酵，合堆高低依氣象條件增減，每家茶廠的發酵特徵略有不同。</td><td>1. 生產量提升，出現大型浪菁機。
2. 茶菁合併平堆，中間留孔透氣，發酵程度逐漸降低。</td><td colspan="2">1. 專業製茶廠採用層積架式萎凋，並以空調設備調控萎凋室內溫溼度。
2. 部分茶農受市場消費者偏愛清揚香氣影響，發酵度逐漸偏輕，傳統凍頂烏龍茶風味逐漸退失。</td></tr>
<tr><td>炒菁</td><td>以大型炒菜鍋手炒為主。</td><td>1. 民國 65 年以後採非傾卸式圓桶狀燒柴炒鍋，茶菁炒熟後以鐵鏟掏出下鍋。
2. 開始出現使用小型自動傾卸式圓桶狀瓦斯炒鍋。</td><td colspan="2">大型自動傾卸式圓桶狀瓦斯炒鍋，具備定溫、變速、送排風及氣動傾卸等裝置。炒菁速度及品質趨於穩定，製茶工廠設備也逐漸更新擴大。</td><td>為配合擠壓成形，炒菁過度（炒太乾）。為避免茶葉損耗採用布巾悶潤，甚或炒菁完成直接堆置回潤。</td></tr>
<tr><td>初揉</td><td>利用長板凳支撐，以腳揉菁為主。</td><td>使用手搖揉捻機。</td><td colspan="2">使用望月氏揉捻機。</td><td>為配合擠壓成形，初揉時間縮減或甚至取消。</td></tr>
<tr><td>初乾</td><td>1. 以水泥管或磚砌木炭焙爐，上置焙籠初乾。
2. 炒茶後移開炒鍋，用餘火以焙籠初乾或焙乾。</td><td>民國 65 年前後，開始使用手拉式瓦斯熱風乙種乾燥機。</td><td colspan="3">民國 70 年前後開始使用連續式柴油熱風甲種乾燥機。</td></tr>
</table>

（續表 7-1）

製程	民國 50 年代 （1961）	民國 60 年代 （1971）	民國 70 年代 （1981）	民國 80-90 年代 （1991 - 2001）	民國 100-110 年代 （2011 - 2021）
團揉	直接以腳踩揉或以布巾包覆後用腳踩揉。	1. 人工束緊茶布球：以竹棍、木棍或白鐵棍在刻溝長條椅上，利用腳踩動布球，以竹棍固定布巾口，使其緊結，在束緊巾口加套布袋綁住。 2. 布球機團揉：束緊之茶布球，送入平揉機內團揉，可同時團揉轉動四個布球。	1. 束包機：整形前段由四支滾軸棍棒束緊茶布球。 2. 平揉機團揉：束緊後茶布球，送入平揉機團揉，可同時團揉轉動二個布球。 3. 蓮花束包機：藉由 4-5 葉片聚合將布球束緊，通常為整形後段階段使用。		1. 擠壓成形機：俗稱豆腐機，從民國 99 年起業者引進後，經不斷改良，可縮短團揉時間，民國 100 年以後茶廠開始大量使用本機器，也造成製茶流程的改變。 2. 覆炒過程由原來炒菁機逐漸改用甲種乾燥機取代。 3. 團揉過程中也少用平揉機，造成茶湯滋味偏淡。 4. 目前對於改善流程，先以擠壓機整形縮小體積，後段再以傳統製程用蓮花束包機與平揉機完成整形作業。
乾燥	1. 以水泥管或磚砌燒木炭焙爐，上置焙籠初乾。 2. 炒茶後移開炒鍋，用餘火以焙籠初乾或焙乾。	民國 65 年前後，開始使用手拉式乙種乾燥機。	民國 70 年前後開始使用連續式甲種乾燥機。		乾燥次數隨茶葉緊結度而增加。民國 100 年後乾燥次數提升至 3 或 4 次始能完成。

（續表 7-1）

製程	民國 50 年代（1961）	民國 60 年代（1971）	民國 70 年代（1981）	民國 80-90 年代（1991 - 2001）	民國 100-110 年代（2011 - 2021）
烘焙	利用炒菁餘火或另起炭火以焙籠烘焙。	1. 磚或水泥造固定式炭火爐，以龍眼炭（或相思炭）為熱源，以竹製焙籠烘焙。 2. 發酵程度高，故烘焙時間短，約略烘焙二遍完成。葉底呈褐色，展開完全而平整。 3. 炭焙具有獨特「炭香」風味。	1. 電熱式焙籠及箱型焙茶機焙茶。 2. 受市場影響發酵度偏輕，烘焙時間逐漸延長，烘焙次數也增為二至三遍。葉底呈深褐色，展開後呈現多數皺褶。 3. 茶葉產量及需求日增，炭火焙茶逐漸退出市場；但仍有少數茶農或茶商堅持傳統炭火烘焙，反成特色。 4. 以白鐵為爐身內嵌隔熱材料之移動式炭焙爐出現。		1. 大型箱型焙茶機出現，配有電子定溫、定時設備。 2. 受發酵度偏輕及擠壓成形影響，烘焙溫度、時間逐漸增加，烘焙次數也增至三至四遍。 3. 葉底因長時間烘焙而呈現深褐或灰黑色，少數茶樣已無法完整展開，葉底缺乏柔軟度。 4. 少數仍堅持以傳統龍眼炭烘焙，專供特定消費群。

四、凍頂烏龍茶品質特色

凍頂烏龍茶著重在茶葉發酵與烘焙，烘焙的主要目的在於提升精製茶之特色。製成之原茶，再進行烘焙，分爲輕烘焙、中烘焙及重烘焙等幾種風味。沖泡後，茶湯顏色爲金黃色，澄清明亮，帶熟果香或濃郁花香，滋味醇厚甘潤，喉韻回甘十足，具焙火韻味。葉底展開後葉片爲淡綠色，邊緣鑲紅邊，稱爲「綠葉紅鑲邊」，亦稱「青蒂、綠腹、紅鑲邊」（臺語發音）。

以下爲凍頂烏龍茶品質特色之描述：

（一）外觀

球形緊結圓整或勻整，鮮豔墨綠油潤具光澤，不帶粗梗與老葉，調和精緻不摻雜（圖 7-11）。

圖 7-11　凍頂烏龍茶外觀。

（二）水色

橙黃鮮豔顯麗色，介於琥珀與金黃色，透明純淨亮麗（圖 7-12）。

圖 7-12　凍頂烏龍茶水色。

（三）香氣

清香撲鼻飄不膩，入口穿鼻再而三，幽雅濃郁發酵香，飲盡猶現杯底香，冷暖茶香依舊在。

因具有烘焙溫度處理過程，具焙香型特點，依茶的不同發酵度，不同烘焙條件，而有不同程度的表現，如帶花或果香，有時會帶甜香等。

（四）滋味

濃郁新鮮味清醇，入口生津富活性，濃稠甘甜到甘醇，落喉甘潤韻無窮。

凍頂烏龍茶強調餘韻感，滋味飽滿度與細緻度具有一定表現。

（五）葉底

葉片完整質柔軟，嫩芽枝葉連理生，墨綠褐邊色隱存，茶種純正顯特徵（圖7-13）。

圖 7-13　凍頂烏龍茶葉底。

以下爲有關描述凍頂烏龍茶之俗語（馬等，2018）：

◎下廍仔茶、凍頂醃缸（臺語發音）

鹿谷鄉彰雅村凍頂山的居民比較會做生意，凍頂烏龍茶名氣也大，鄰村永隆村下廍仔所生產的茶葉放置在凍頂人的醃缸內，很容易被銷售出。

◎茶那芳入骨，刀削麥不角（揉）（臺語發音）

南投凍頂烏龍茶遵照古法製造，茶香香透了（入腹），即使用刀來刮來削，茶香仍會存在。

◎鱔魚色，糯米氣，卡吃多未畏（臺語發音）

凍頂烏龍茶若是發酵程度較重，葉面外觀是鱔魚色，葉面與葉柄間的點稱爲目珠也略見微紅，以上所陳述的「紅」是專家所說的紅內腹（閩南語發音）。其茶湯是愈泡愈紅，且茶質好的茶還會散發出一股糯米氣（發酵香）。此等凍頂烏龍茶，喝多了也不會傷胃。

◎凍頂茶、釘甘、涼喉（臺語發音）

凍頂烏龍茶有很強的回甘口感，喉嚨會有自然涼涼舒服的感覺。

五、結語

現今隨著栽培管理改善與製茶機具及設備精進，茶菁產量大增，製茶工序也隨之調整，凍頂烏龍茶受市場影響發酵程度逐漸偏輕，焙火程度卻因發酵度不足而逐漸加重。

因此，須將傳統凍頂烏龍茶「創舊」，「創舊」就是創造方法找回以前製茶時應有的態度與精神，「看茶製茶，看茶焙茶」，應是探討製茶過程的優點，而非尋求焙火時的高低，自古所謂「茶爲君，火爲臣」，仍應遵守倫理，在不斷創新求變的現今，更應該尋回凍頂烏龍茶既有態度與精神，再度擦亮凍頂烏龍茶的招牌。

六、參考文獻

1. 林文龍。1984。沙連舉人林鳳池事蹟新探。臺灣風物 34(3)：9-28。
2. 林啟三。1995。南投縣茶業發展史。p. 16。財團法人南投縣文化基金會。
3. 林復。1981。談凍頂烏龍茶。茶訊 541: 59-61。
4. 馬有成、陳志昌、王俊昌、莊天賜。2018。茶鄉知道－南投縣茶業發展史。南投縣政府文化局。
5. 梁炳琨。2014。鹿谷凍頂烏龍茶產業發展與產地認證的探討。台灣土地研究 17(2): 29-56。
6. 陳哲三。1972。竹山鹿谷發達史。臺中：啟華出版社。p. 126。
7. 陳哲三。1978。凍頂茶不始於林鳳池移植說。南投文獻叢輯（二十四）。pp. 157-158。南投縣政府。
8. 陳哲三。2008。從水沙連茶到凍頂烏龍茶—鹿谷凍頂烏龍茶移入傳說考。逢甲人文社會學報 16: 89-106。
9. 黃素貞。2011。由地方現存史料談清代大坪頂（鹿谷鄉）的茶業發展。臺灣文獻 62(2): 145-180。

鐵觀音茶製造技術與品質特色

文、圖／陳俊良

一、前言

鐵觀音，原是茶樹品種名，由於適製部分發酵茶，具有獨特之風格韻味，一般稱之爲「觀音韻」或「音韻」，其成品亦名爲鐵觀音（茶）。在中國所謂的鐵觀音茶多爲鐵觀音品種茶樹製成的部分發酵茶。而在臺灣，鐵觀音茶則是指依照鐵觀音茶特定製法所製成的茶類，用來製造鐵觀音茶的原料，可以是鐵觀音品種的芽葉（正欉鐵觀音），也可以是其他品種，例如新北市石門茶區的硬枝紅心品種，坪林區生產的臺茶 12 號品種都可用來製造鐵觀音茶。臺北市木柵茶區除了鐵觀音品種外，亦有以臺茶 12 號或武夷爲原料者，這與福建鐵觀音茶的概念有所不同。

臺灣的鐵觀音茶樹，爲日治時代茶師張迺妙及張迺乾先生由中國福建省安溪所引進。當初在安溪喝到鐵觀音茶，被其芳香甘醇滋味所吸引，難以忘壞，遂索取 12 株鐵觀音茶苗帶回臺灣種植於木柵樟湖里。後來張迺妙先生以日本政府茶師之身分至安溪，由木柵當地仕紳出資購回大量鐵觀音茶苗，在臺北市木柵樟湖山種植。因土質和氣候適宜鐵觀音茶樹生長，製茶品質優異，種植面積迅速擴展，使木柵成爲爲鐵觀音茶主要栽種區域（阮，1995）。

鐵觀音茶樹品種的由來，主要有兩種說法，一爲觀音賜茶，一爲皇帝賜名，兩者皆替鐵觀音茶增色不少。其一說是安溪縣松林頭（今西坪鎮松岩村）茶農魏蔭篤信佛教，每日早晨必奉清茶一杯於觀音大士像前，十分虔誠。一日，他上山砍柴，偶見岩石縫隙間有一株茶樹，在陽光照射下閃閃發光，極爲奇特，遂挖回加以精心培育，並採摘試製，所製之茶沉重似鐵，香味極佳。疑此茶樹爲觀音所賜，故名爲鐵觀音。另一說則是，安溪縣堯陽鄉書生王士讓，平日喜歡蒐集奇花異草，曾築書房於南山之麓，名爲南軒。乾隆元年（1736）春，與諸友會文於南山之麓，見層石荒園間有茶樹一株，閃光奪目異於其他茶種，故移植於南軒之圃，細心栽培。採製成品，泡飲之後，氣味芳香異常，令人心悅神怡。乾隆 6 年（1741）奉召赴京，拜謁禮部右侍郎方望溪（方苞），攜此茶相贈，方侍郎將茶轉進內庭，蒙乾隆召見，垂詢堯陽茶史，賜名南巖鐵觀音（阮，1995）。

二、茶菁原料選擇與處理

茶菁的採摘，主要以小開面至大開面，採一心三到四葉爲主。但有時依據其目標風味之不同，會有些許調整。例如以臺茶 12 號爲茶菁原料，爲了避免品種具有奶香味太明顯，會刻意採成熟一點；或是想提高鮮味、嘗試新的烘焙方式或挑戰不同風味特色的鐵觀音茶時，會刻意採較鮮嫩之一心二、三葉的茶芽來進行製造。

一般若是以鐵觀音品種爲原料時，須以手採的方式來維持較均勻的茶菁品質；若是以臺茶 12 號爲原料時，因其生長勢較強，樹冠面茶芽較多且整齊，考慮降低人力成本時，可用機採的方式進行茶菁的採摘。

三、鐵觀音茶製造技術

鐵觀音茶屬於部分發酵茶，其製造流程爲：

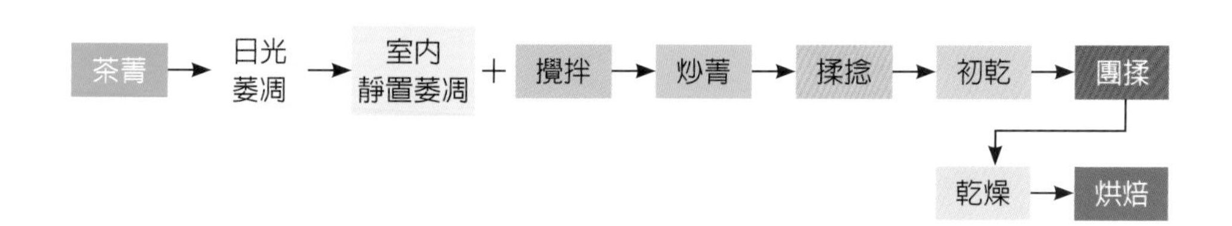

（一）日光萎凋

日光萎凋（圖 8-1）的作用在於以太陽能及熱風加速鮮葉水分之消散。將茶菁均勻攤於帆布或笳簾上（每平方公尺攤放約 0.6 ～ 1.0 公斤茶菁）置日光下進行萎凋，須讓每片茶菁都平均接受日照，萎凋才會均勻。萎凋時須注意日照強弱，葉面溫度以 30 ～ 40 ℃爲佳，若高於 40 ℃時應用紗網遮蔭或移至有遮蔭處以免曬傷。日光萎凋過程中視茶菁水分消散情形，予以輕翻 2 ～ 3 次使萎凋平均。由於天候、時間與茶菁的條件不同，每次進行日光萎凋時，需仰賴製茶師傅的經驗以及用感官去判斷萎凋的程度。當茶葉表面失去光澤呈現暗綠色，枝梗與葉變得柔軟，原有的青草味散去，散發微微花香，即可進入室內萎凋。根據研究顯示，在進行茶葉烘焙時，發酵較重的茶葉其烘焙後的成品將比發酵不足的茶葉品質高（陳等，2017）。

爲了進行較重的烘焙製程，製造鐵觀音茶在日光萎凋的程度上會比文山包種茶及高山烏龍茶重。

圖 8-1　鐵觀音茶之日光萎凋作業。

（二）室內靜置萎凋及攪拌

茶菁經日光萎凋後，移入常溫或空調的萎凋室，並將茶菁均勻薄攤於笳簷上，進行室內靜置萎凋及攪拌（圖 8-2）。將茶菁靜置 1 ～ 2 小時，待水分蒸散而葉緣呈現微波浪狀時可進行第一次攪拌。爲使走水順利，當氣溫過於炎熱或溼度過高時，可開啟室內空調進行調整。第一次攪拌動作宜輕，時間宜短（1 個笳簷約攪拌 1 分鐘）。室內萎凋之第一次與第二次攪拌程度較輕微，僅將鮮葉輕輕撥動翻轉，隨攪拌次數之增加，動作逐漸加重，攪拌時間亦隨之增長，攤葉亦逐漸增厚，一般攪拌次數爲 4 次，每次攪拌後靜置時間爲 90 ～ 120 分鐘。在進行室內萎凋攪拌時，應須注意水分散失的狀態，如果水分散失太快，應注意將茶菁堆厚，以保留足夠水分進行接下來的發酵。最後一次攪拌已是深夜，氣溫較低，故靜置時攤葉宜厚，增溫以利發酵。最後一次攪拌後靜置約 90 ～ 180 分鐘，待菁味消失而發出清香乾淨無雜味時即可炒菁。

圖 8-2 鐵觀音茶之室內萎凋及攪拌作業。

（三）炒菁

炒菁主要目的爲茶葉中的水分利用高溫翻炒，形成水蒸氣，破壞茶菁中酵素活性，防止多元酚氧化酵素繼續作用，同時將多餘的水分蒸散。炒菁現在都以滾筒式炒菁機進行，鍋溫以 280 ～ 330 ℃左右爲宜。炒菁時間隨茶葉性質及投入量而異，製茶師傅以鼻聞香，炒至無臭菁味，以手握茶，葉質鬆軟具彈性及芳香撲鼻即可（圖 8-3）。若葉緣有刺手感或炒焦均不宜，亦不可出鍋太早，茶菁未炒熟致成茶帶菁味。

圖 8-3　鐵觀音茶之炒菁作業。

（四）揉捻

茶葉炒菁完成出鍋後，以手翻動 2 ～ 3 次使熱氣散發降溫，接著將茶菁投入望月氏揉捻機內進行揉捻（圖 8-4），宜採二次分段揉捻，初次揉捻 3 ～ 4 分鐘後稍予放鬆解塊散發熱氣，之後再揉捻 1 ～ 2 分鐘後解塊散熱。適度揉捻可破壞茶葉細胞，使其汁液附著於表面，使茶葉沖泡時易溶出於茶湯中，增加口感及濃稠度。

圖 8-4　鐵觀音茶之揉捻作業。

（五）初乾

將揉捻完畢的茶菁解塊，置於甲種乾燥機進行初乾至茶葉表面無水，握之柔軟有彈性不黏手（圖 8-5）。初乾後的茶菁需靜置數小時後，使其吸收空氣中的溼度，及水分重新平均分布，以利後續團揉。茶葉加工製造至此時若已夜深，可將初乾茶葉攤於笳篚，並放置於避風處靜置，隔日再行團揉。

圖 8-5 鐵觀音茶之初乾作業。

（六）團揉

要將茶菁外觀變成球形，需要團揉的程序。在布球揉捻機問世（1973 年）之前，主要以人力進行包布團揉：將初乾後置於笳篚回軟的茶葉放在粗竹篩上，以木炭溫火予以加溫使其柔軟，將約 0.6 公斤的茶葉以 1 尺至 1 尺半四方布巾包裹後進行滾揉（以布巾包覆初乾過後的茶菁，可確保團揉時茶菁不會碎裂），第一次揉屬溫揉，揉後放置約 10 ～ 15 分鐘後，解塊散熱約 10 ～ 15 分鐘再揉（第二次屬冷揉）。再揉後解塊再在炭火上加溫並加以揉捻（第三次屬溫揉），如此反覆操作，一天約揉 27 次左右，一個人可以製造毛茶約 15 公斤（徐，2003）。如此反覆烘焙與揉捻，形成了早期鐵觀音茶獨特的甘醇回韻。

在布球揉捻機、束包機等機器問世之後，以布巾包覆揉捻後冷卻的茶菁（圖 8-6），利用機器（束包機、平揉機）讓外觀團揉成球形。重複多次團揉使茶葉水分慢慢消散，外型漸緊結呈球狀（圖 8-7）。團揉過程相當耗費時間，需經過反覆的覆炒、束包、平揉及解塊等步驟。覆炒是將初乾之茶葉先以圓筒炒菁機、焙籠或甲種乾燥機等加熱回軟，加熱至葉中溫達 60 ～ 65 ℃。束包是將茶菁以布巾包覆，做成布球狀，再以平揉機進行加壓，使條索更加捲曲緊結，幾近球形。因布球揉捻機的發明，大多數茶農不使用手揉而使用布球揉捻機進行團揉，較爲省力且快速，並簡化了鐵觀音茶之反覆焙揉工法，雖可獲得較清新香氣，然喉韻及弱果酸味較傳統鐵觀音不足是其缺點（阮，1995）。

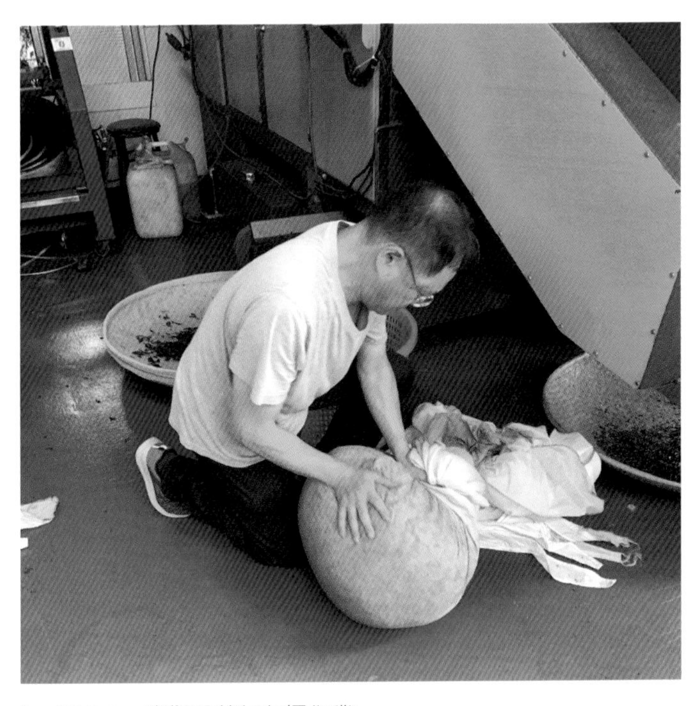

圖 8-6 鐵觀音茶包布揉作業。

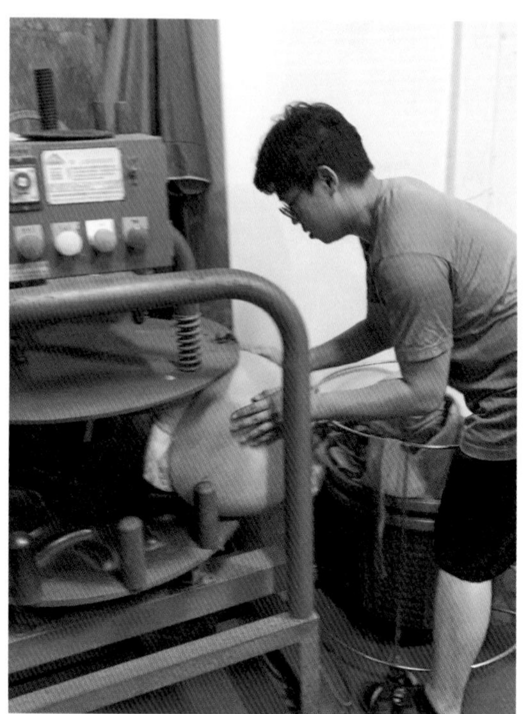

圖 8-7　鐵觀音茶之團揉作業。

（七）乾燥

藉由熱風再次乾燥，以利茶葉保存。通常利用甲種乾燥機，以 80 ℃左右乾燥 2 個小時。步驟完成後的茶乾稱之為毛茶。將團揉完成後的茶菁經過乾燥機的熱能乾燥後，降低茶葉水分含量，藉以穩定品質及利於保存。

（八）烘焙

鐵觀音茶的精製是指將毛茶經過篩分、整形及篩除細末等程序提高茶葉品質，並進行不同程度的烘焙，以降低毛茶含水量、去除雜味，以形成鐵觀音茶之特殊風味。

鐵觀音茶的烘焙工序極為重要，要形成特殊的火香喉韻，良好的焙茶技術不可或缺。烘焙不足茶湯帶草菁味，烘焙太過則形成火焦味，都是常見的烘焙技術不佳造成的缺點。鐵觀音茶烘焙的方式可分為炭火焙茶（炭焙）、電焙籠或箱型培茶機烘焙。炭焙時因燃燒木炭時的所釋出的香氣，也會附著於茶葉，增添其風味，故有不少消費者喜歡炭焙的鐵觀音茶。炭焙時需定時翻動茶葉使其受熱均勻，同時需隨時觀察木炭燃燒情形，十分費力與耗費精神，需要有相當的經驗與技術才能控制烘焙程度，並非多數人可以實行。而使用電焙籠或箱型焙茶機烘焙的優點是方便控制烘焙溫度及時間（圖 8-8），但茶的風味上較炭焙茶變化層次少。至於烘焙時所使用的溫度與時間長短，不同的焙茶師傅各有其堅持，有的是逐步升溫，有的是先高後低，有的是連續低溫烘焙等，焙出來的茶葉各有其愛好者。一般而言，隨著烘焙的進行，揮發性有機化合物的含量會有所變化，隨著烘焙累計時間及烘焙溫度的增加，青草味、雜異味及花香會逐步下降，而果香、火味、甘甜度及喉韻有逐步上升的趨勢（陳等，2018）。製茶師傅會依據心中理想的鐵觀音茶風味進行烘焙程序之調整。

圖 8-8　鐵觀音茶之精製烘焙。

四、鐵觀音茶品質特色

美如觀音重似鐵，可說是最能形容臺灣鐵觀音茶風味特色的一句話。優良的品種在悉心照顧下搭配優良的製茶技術形成鐵觀音特有的強勁品種香與發酵熟果香，長時間細心講究的烘焙造就濃郁的火香與綿延不絕的厚重喉韻。正是所謂的：美如觀音重似鐵（陳，2015）。

（一）外觀

外型捲曲球形，茶色暗綠帶褐，若為傳統在地的團揉方式其外型多呈蜻蜓頭狀（圖 8-9）。

圖 8-9　鐵觀音茶外觀。

（二）水色

湯色金黃至琥珀色，濃豔清澈（圖 8-10）。若帶紅濁者爲次級品。

圖 8-10 鐵觀音茶茶湯水色。

（三）香氣

香氣馥郁持久，帶有些許的蘭花香、熟果香及烘焙甜香。依製造品種不同、萎凋發酵方式及烘焙程度，風味會有些許差異，如鐵觀音品種會帶有一些礦石、木質香；臺茶 12 號則帶有些許牛奶糖香、焦糖香。

（四）滋味

滋味濃醇甘甜，回甘韻強，俗稱觀音韻。因是中重發酵程度重烘焙的茶葉，喝起來略帶果酸感，火味甜味明顯。

（五）葉底

透過葉底可以了解許多鐵觀音茶的資訊。若是鐵觀音品種，則葉形較狹長，葉尖具有像壽桃一般偏向一邊，主脈兩側葉片無法對稱的情形，俗稱紅心歪尾桃。若是臺茶 12 號，則葉形較爲寬、圓且葉質較軟較薄，有時候用指尖戳一下就會爛掉了。鐵觀音茶的葉底多半茶梗較少，主要原因是利用傳統團揉（非擠壓機）後經選別將梗剔除。另外透過葉底還可以了解到採摘的季節及發酵程度等。故鐵觀音茶在進行品評審查時，葉底是很常被拿來作爲參考的指標（圖 8-11）。

圖 8-11　鐵觀音茶葉底。

（六）鐵觀音茶的風味特色

中國鐵觀音茶生產量遠高於臺灣，爲了讓臺灣鐵觀音茶和中國鐵觀音茶有所區隔，茶業改良場吳振鐸前場長主張讓臺灣鐵觀音茶走重烘焙的路線。中國的鐵觀音茶主要可分爲兩個類型，一爲清香型，一爲濃香型，兩者皆爲中重發酵程度的茶，清香型屬不烘焙或輕烘焙，濃香型則烘焙較重。清香型的茶湯碧綠帶濃郁花香，但喝起來舌頭多半會有些微刺刺的壓迫感。濃香型其烘焙程度和臺灣的凍頂烏龍茶較爲接近，不若臺灣鐵觀音茶的烘焙那樣高。臺灣鐵觀音茶雖然要求要重烘焙，但是如果烘焙太久或溫度太高，可能還是會形成焦味或高火味，就不算是好茶了。

臺灣的鐵觀音茶不僅是美如觀音，其風味千變萬化，可說是具有多種面貌。結合了不同的產地、品種、栽培管理及製茶技術，在各有不同的烘焙包覆下，一一展現出各自不同的美。臺灣正欉鐵觀音茶入口帶有濃郁火香及果香，茶湯飽滿甘甜，入喉後有微帶木質、礦石般蒼涼感的厚重喉韻，久久不退，以高溫沖泡能充分展現其特性。而茶湯放涼了別有一番風味，初入口雖不像熱喝時那般香氣芬芳，但那股蒼勁的感覺在入喉時反撲上來，鼻後嗅覺感受到的熟果香及烘焙香，喝了讓人上癮。以臺茶 12 號（金萱）製造的鐵觀音茶，其茶湯較鐵觀音品種來得柔軟滑順，也有消費者偏好這樣的口感滋味。臺茶 12 號品種特色的奶香味在重烘焙催化下轉成一股焙火香與焦糖甜香，加上發酵形成的花香，形成一柔美的鐵觀音茶姿態。不同的品種及不同的烘焙工藝交織出鐵觀音茶多變的樣貌及豐富的層次感，吸引著各式不同的消費者喜愛飲用。

五、結語

鐵觀音茶歷經時光的洗禮，製造工序的改變、使用器具的演進，烘焙技術的精進，在風味上也造成許多的變化。然過去製茶師往往將鐵觀音製茶與焙茶技藝視爲傳家珍寶，以獨家竅門自居不願公開（林等，1990），使鐵觀音茶給人一種神秘的感覺。本文以前人之研究文獻與在地茶農口述及相關實務經驗，整理出鐵觀音茶製造方法提供茶農參考運用。

鐵觀音茶具有不同層次的火香、果香、甜香及綿長的喉韻，滋味醇厚帶果酸，其風味層次變化多端惹人喜愛，是茶葉愛好者平日泡茶時不二的選項。

六、參考文獻

1. 阮逸明。1995。部份發酵茶製造法。茶業技術推廣手冊—製茶篇。pp. 23-25。臺灣省茶業改良場。
2. 林義恆、鄭正宏。1990。鐵觀音茶製造法之研究。臺灣省茶業改良場 78 年年報。pp. 98-101。臺灣省茶業改良場。
3. 徐英祥。2003。台灣烏龍茶包種茶製造的演變。臺灣茶葉產製科技研究與發展專刊。pp. 23-40。行政院農業委員會茶業改良場。
4. 陳俊良。2015。美如觀音重似鐵—談近代台灣鐵觀音的風味特色。茶藝・普洱壺藝 52: 124-129。
5. 陳俊良、陳琮舜、邱喬嵩、黃正宗。2018。熟香型條形包種茶製造技術研發。第六屆茶業科技研討會專刊。pp. 48-56。行政院農業委員會茶業改良場。
6. 陳重嘉、胡文品、劉千如、邱垂豐。2017。不同凍頂烏龍茶製程對茶葉品質之影響。第四屆茶業科技研討會專刊。pp. 111-120。行政院農業委員會茶業改良場。

東方美人茶製造技術與品質特色

文、圖／林金池

一、前言

臺灣茶業歷史發展，隨著閩粵居民遷入臺灣開始，但東方美人茶（白毫烏龍茶）始於何時開始製造，文獻並無明確記載，但不論從產區、適製品種、炒後悶製茶技術或外銷茶葉等級推斷等，其創製年代應不會早於 1910 年，產製技術純熟推論約 1920 年代，眞正推廣量產則於 1940 年代（蔡等，2009）。在當時臺灣生產之烏龍茶、包種茶、紅茶及綠茶等四類茶葉當中，以烏龍茶（東方美人茶）爲臺灣產製特有的茶類，是早期茶葉外銷主力。在當時普級品俗稱「番庄」，而高優質茶品稱爲「膨（椪）風茶」，更聞名於英國，被尊爲「東方美人」或「香檳烏龍」。

二、茶菁原料的選擇與處理

東方美人茶高優質茶品要求採摘受小綠葉蟬刺吸的一心一至二葉之芽葉製造，才有其特殊的香味，小綠葉蟬危害後的關鍵香氣成分主要以芳樟醇（linalool）及其氧化物組成爲主，且均與熟果香或蜂蜜香密切相關（胡和李，2005）。因每年僅芒種（約於國曆 6 月 6 日）至大暑（約於國曆 7 月 23 日）之間是東方美人茶最適產製期，因產量有限且生產成本高。一般受小綠葉蟬刺吸後之茶菁原料，亦可依天候條件或調整製程製造不發酵或輕發酵之蜜香綠茶或白茶，但以製成重萎凋重攪拌重發酵之東方美人茶或全發酵蜜香紅茶之品質較佳且具特色。

（一）小綠葉蟬繁衍與茶芽特性

小綠葉蟬是茶園的重要害蟲之一，小綠葉蟬一年可繁衍 14 個世代，臺灣各茶區全年都會發生，每年均呈現兩個高峰期，第一高峰期發生在 5 月下旬至 6 月上中旬，第二高峰期發生在 8 月下旬至 9 月上旬之間，蟲量則以第一高峰期較多，其與田間的氣象因子關係密切，成蟲發生的密度與田間相對溼度成正比，但是與降雨強度成反比，在遇到暖冬時也會形成高峰期。一般以通風不良或雜草叢生的茶園容易被危害（陳等，1978；蕭，1997）。此外，在沒有空氣汙染、背風、高溫、日照充足及潮溼的多重條件下，均有助於茶小綠葉蟬的繁衍，其不論若蟲或成蟲均以刺吸幼嫩芽葉的汁液爲食，茶樹細嫩芽葉在高密度小綠葉蟬刺吸下，初期芽葉色澤呈現黃綠色，葉脈逐漸變紅，葉片捲曲萎縮黃化（圖 9-1），停止生長，葉片略顯粗老，嚴重時葉片呈現船形捲縮，芽梢變成紅褐色的焦枯狀，甚至會脫落（陳等 1978；蕭，1994）。

此時茶菁會透過異常的代謝途徑產生特殊的化學物質，這種成分在製茶的過程中可以轉化成蜜香（或稱蜒仔氣、著蜒）。根據 1996 年日本研究茶葉香氣成分的學者小林彰夫等人發現，這種特殊的香氣成分含有極豐富之 2 , 6 - 二甲基 - 3 , 7 - 辛二烯 - 2 , 6 - 二醇及 3 , 7 - 二甲基 - 1 , 5 , 7 - 辛三烯 - 3 - 醇（Kawakami et al., 1996）。另 2003 年中國農業科學院陳宗懋等人的研究則證實茶樹幼嫩芽葉在遭小綠葉蟬刺吸後，為了自我保護，茶菁會透過異常的代謝途徑產生 2 , 6 - 二甲基 - 3 , 7 - 辛二烯 - 2 , 6 - 二醇與吲哚這兩種特殊的化學物質，以吸引小綠葉蟬的天敵「白斑獵蛛」或其他肉食性昆蟲來覓食小綠葉蟬（圖 9-2），即茶樹為了呼救天敵來保衛自己作用而生成（陳等，2003）。茶改場研究發現三輪薊馬危害後的茶菁也會產生 2 , 6 - 二甲基 - 3 , 7 - 辛二烯 - 2 , 6 - 二醇這種具蜜香特殊成分（胡和李，2006）。因此，一般在不施用化學農藥防治的茶園，經數年栽培後，茶園之生態會漸趨於平衡，昆蟲數量就不會超出需藥劑防治的指標。

圖 9-1　茶樹受小綠葉蟬刺吸後茶芽葉片捲曲萎縮黃化情形。

圖 9-2　茶樹幼嫩芽葉在遭小綠葉蟬（如箭頭標示）刺吸後，茶菁會產生特殊的化學物質吸引小綠葉蟬的天敵肉食性蜘蛛類昆蟲來覓食。

（二）適製季節

臺灣之氣候以第一次夏茶最適合製造東方美人茶且品質最優，第二次夏茶（六月白）及秋季茶菁次之，春茶及白露茶只能製成普級茶品。例如桃竹苗茶區以「芒種」至「大暑」之間所製成的東方美人茶品質較佳。

但近年來，受氣候變遷的影響，夏茶會提前至「立夏」至「芒種」間採收，茶樹在梅雨期來臨或強降雨之後，小綠葉蟬危害嚴重之芽葉易脫落；另茶樹吸收水分及養分後會再重新生長，採摘此種茶菁製造東方美人茶之茶湯易帶有菁澀感且葉底偏綠不紅，品質隨之下降；目前在暖冬氣候型態下，在秋冬期間亦有一波小綠葉蟬繁衍高峰期，冬季亦可產製東方美人茶，但以「霜降」後產製之東方美人茶品質較佳，具冬香及滋味甘甜耐泡特色，茶湯圓柔甘韻足，亦深受消費者喜愛。

（三）適製品種

臺灣現有栽培之品種製造東方美人茶品質仍以小葉種製造爲宜，當中又以「青心大冇」最優，臺茶 12 號（金萱）、17 號（白鷺）、20 號（迎香）與 22 號（沁玉）、大葉烏龍、青心烏龍及白毛猴等製造東方美人茶品質次之。受小綠葉蟬刺吸後之小葉種製成東方美人茶均具有明顯蜜香味，且滋味甘甜鮮爽。利用大葉種製造蜜香茶，即使茶葉經刺吸捲曲變黃，成茶沖泡後品評，其滋味濃稠但蜜香味易受大葉種茶葉特殊香味所掩蓋，且苦澀味明顯提高。

（四）茶菁採摘與進廠後處理

一般製造東方美人茶與紅茶之茶菁採摘標準均須帶有頂芽，尤其高優質東方美人茶更以頂芽之有無來決定品質。因此，製造東方美人茶的茶菁原料以選用心芽肥大，白毫多，葉質柔軟之「一心二葉」爲宜，高優質東方美人茶採著蜒程度高之一心一葉，具有白色茸毛愈多愈好。普級品者則注重滋味，白毫較少無妨。至於茶芽節間以短而細小者爲佳，粗大而長者，表示茶芽沒有受到小綠葉蟬刺吸危害，不足取材（圖 9-3）。

製造東方美人茶之茶菁進廠後，同其他部分發酵茶之茶菁一樣須立即處理，防範茶菁劣變，確保成茶之品質。

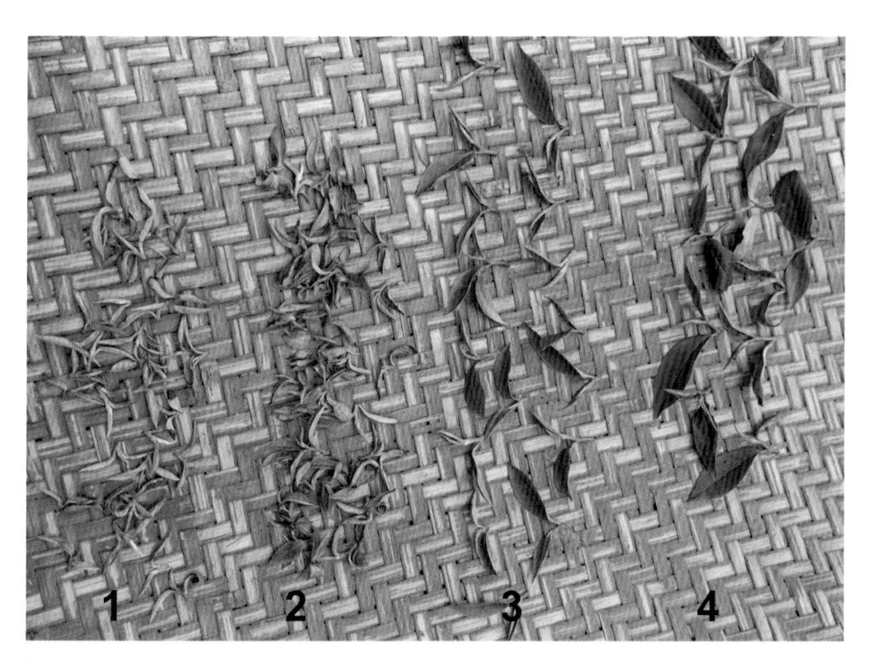

圖 9-3　製造東方美人茶不同等級茶菁原料。（編號 1、2 為受小綠葉蟬刺吸危害嚴重之優質茶菁原料；編號 3、4 為無小綠葉蟬危害之茶菁原料，芽葉大。）

三、東方美人茶製造技術

東方美人茶屬於部分發酵茶，其製造流程為：

茶菁 → 日光萎凋 → 室內靜置萎凋 ＋ 攪拌 → 炒菁 → 靜置回潤（炒後悶）→ 揉捻 → 乾燥

（一）日光萎凋

東方美人茶通常使用笳簾或曬菁布進行日光萎凋，一般攤葉量以每平方公尺 0.6 ～ 1.0 公斤為宜；但茶菁條件佳者，攤菁之芽葉間以不相互交疊為原則（圖 9-4）。曬菁布之吸熱性較笳簾為高，相對萎凋時間較快，因使用之工具不同，其萎凋時間亦應隨茶菁走水情形進行調整。

日光萎凋的溫度控制在 35 ℃左右為宜，日照溫度過高，水分消散快速，易曬傷甚至造成焦葉（死菜）；當第一葉之葉緣呈波浪狀時，表示該葉片失水過快，宜將茶菁移入室內或陰涼樹蔭下萎凋，讓芽葉與枝梗之水分重新分配，葉片重新伸展後再移出曬菁。日光萎凋溫度如低於 30 ℃，水分消散緩慢，化學變化遲緩，成茶近似包種，水色偏黃，香味不揚且淡薄，品質亦欠佳。

東方美人茶日光萎凋時間較長，萎凋程度較重，一般在夏季最忌強光直接照射，宜利用黑色遮蔭網在較弱光照下進行萎凋。當鮮葉萎凋至葉面已失去光澤，葉緣呈起伏波浪狀，嫩梗部因走水，表皮呈現皺縮，心芽及第一葉柔軟自然下垂，心芽微顯白色光澤，以手觸摸，有如摸天鵝絨之感，聞之已發出一種清甜香，此時即可移入室內萎凋。一般日光萎凋完成時茶菁重量降低約 25 ～ 35 %。

圖 9-4　茶菁入廠攤菁後即進行日光萎凋情形。

（二）室內靜置萎凋及攪拌

室內靜置萎凋之目的在控制茶菁水分之蒸散與促進茶葉之發酵。室內萎凋前期攤葉較薄，靜置期間蒸散作用較快，萎凋後期攤葉較厚則有利於茶葉發酵，故初期為促進水分之蒸散，宜將茶葉攤薄，再依蒸散程度隨之漸次攤厚，以利發酵作用之進行。每次攪拌後視茶葉之變化狀態，逐次攤厚為宜。茶葉靜置時間與攤葉厚度視天氣、品種及茶菁性質進行調整。一般東方美人茶之室內攪拌次數以 4 ～ 5 次為宜。當茶菁移入室內萎凋初期水分含量多，故移入室內俟茶葉漸次呈萎縮狀態而發出一種淡清香時才進入攪拌前期作業（圖 9-5）。

室內靜置萎凋過程及伴隨之攪拌程度，對於成茶品質影響甚大，攪拌不足或茶菁靜置過久，若蒸散作用旺盛，茶菁因走水過快，將使後期之發酵作用變弱，成茶香氣不揚，水色淡薄，香味欠佳。反之萎凋不足又攪拌過度，則使茶菁呈「積水」狀態，葉緣雖呈紅變，但葉之中間部位及葉脈嫩莖之水分無法充分蒸散，成茶呈暗灰色，香氣不揚，滋味帶澀。

圖 9-5　東方美人茶日光萎凋需萎凋至白毫顯露再移至室內萎凋靜置及攪拌。

東方美人茶攪拌次數及攪拌力量一般較包種茶或烏龍茶為多且重。當茶菁萎凋至葉面光澤消失，葉片內捲呈湯匙狀，用手觸摸有微刺手感（圖 9-6），枝梗部位明顯皺縮，心芽白毫顯露即可進行攪拌。但第一次及第二次攪拌宜輕，輕手翻拌次數各爲 2 ～ 3 回、 5 ～ 8 回，切忌用力過重致茶葉受傷，走水不良而呈「積水」現象，易使茶葉發酵不正常致葉面呈黑褐色，成茶外觀暗黑欠豔麗，湯色不明亮。攪拌後再靜置 1 ～ 2 小時左右，若茶菁已帶有清甜香可進行第三次攪拌，攪拌力道可加深，往復 12 ～ 15 回左右，一般前三次攪拌後之靜置間隔時間短，每次歷時約 1.0 ～ 2.5 小時左右，至第三次攪拌後葉中之水分蒸散也完成預定之 8 ～ 9 成，同時發酵作用亦進行至大半，葉緣部分漸次紅變，再經靜置 1 ～ 2 小時左右行第四次攪拌，可加強攪拌，拌至發出強烈臭青味爲止，往復 30 ～ 45 回；若茶菁「著蜒」程度佳，茶芽節間短，葉片捲曲萎縮黃化且細小，最後一次以手工攪拌（俗稱爲大浪）持續 1 ～ 2 小時（圖 9-7），攪拌至茶菁如羽毛般柔軟且富彈性，菁味盡失且帶有甜蜜清香即可併堆 5 ～ 10 公分高呈漢堡形進行發酵作業（圖 9-8）。在秋冬季節，夜晚溫度低，一般可以曬菁布覆蓋其上，提升茶葉發酵溫度與速率。大浪後葉緣及葉脈隨攪拌力道逐漸呈紅褐色，心芽呈銀白色，俟葉面 1 ／ 3 ～ 2 ／ 3 呈紅褐色，同時葉片中間部稍微隆起成湯匙形狀，香氣由清香轉變爲一種熟果香或蜜糖香爲發酵適度，即可進行炒菁作業。

圖 9-6　觀察室內萎凋茶菁走水情形。

圖 9-7 東方美人茶大浪階段攪拌製程。

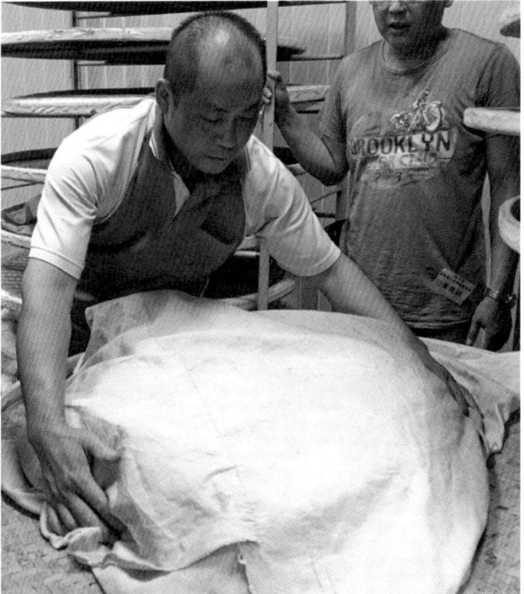

圖 9-8 東方美人茶大浪後併堆發酵情形。

（三）炒菁

東方美人茶炒菁之時間與品種及茶菁性質之不同略有差異。因萎凋較重，炒菁前茶葉水分含量較少，故炒菁溫度宜低，適當之鍋溫約 180 ～ 220 ℃左右，即包種茶炒鍋溫度之八分火力爲度。茶菁水分少者炒菁時間約 7 ～ 10 分鐘，水分中等者 10 ～ 12 分鐘，水分多的茶菁炒 13 ～ 16 分鐘，炒時切忌送風，宜低溫長炒（圖 9-9）。炒至菁味消失，發出清甜香或熟果香，心芽呈銀白色，以手握之，葉緣微乾有刺手感即可。並注意控制炒鍋翻轉速度及避免鍋溫過高，否則易導致茶葉燒焦，無法揉捻成形。

圖 9-9　東方美人茶炒菁作業。

（四）靜置回潤（炒後悶）

傳統福建武夷茶製造係以二炒二揉方式，其目的乃透過高溫炒菁使茶葉中氧化酵素完全停止作用，並使茶菁增加韌性便於揉捻，且增加茶湯濃度。這種二炒二揉法流傳至安溪後改爲一炒一揉法，但卻增加炒後悶熱靜置處理，臺灣東方美人茶之製造法乃仿安溪之製法，以一炒一揉後悶熱靜置回潤處理。

靜置回潤過程是製造東方美人茶特有步驟，原先炒菁至葉緣乾脆刺手感之茶葉，經悶熱後茶菁枝梗及葉脈中之水分能平均擴散至葉緣，如此葉脈硬度減少，增加芽葉之韌性便於揉捻；另一方面因高溫炒菁之葉緣及頂芽往往過乾，經悶置回潤後恢復柔軟，避免揉後芽葉破碎增加成茶之粉末量。

炒菁後不立即揉捻，將炒好之茶菁倒入用浸過乾淨水之溼布並稍予揉壓成球，再放塑膠袋或塑膠桶中（圖 9-10），經 10 ～ 20 分鐘包悶靜置回潤後，使茶葉回軟無乾脆刺手感，進行揉捻時則易於成形且可避免碎葉及茶芽被揉損。

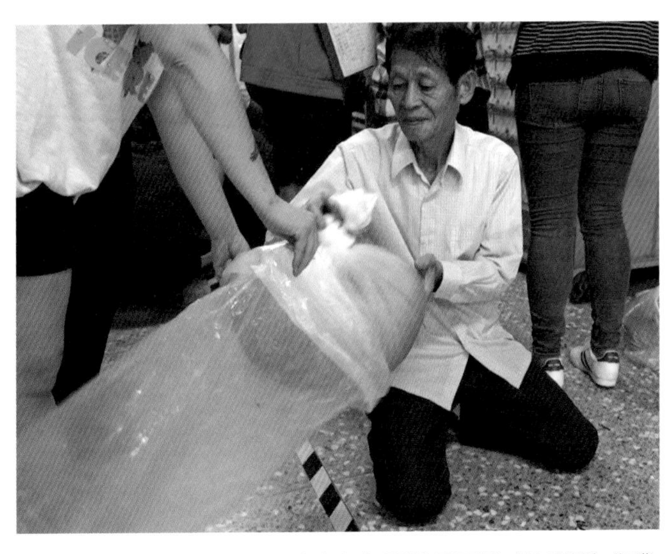

圖 9-10　炒菁後以溼布巾進行包悶靜置回潤（炒後悶）作業。

（五）揉捻

經悶熱靜置後之茶葉即以手揉或機械揉捻。揉捻須注意加壓與鬆壓動作，即初揉 2 ～ 3 分鐘後，茶葉開始捲縮，此時應稍加壓力，再揉 2 ～ 3 分鐘使茶葉緊縮，茶汁流出後鬆壓，使汁液復被茶葉吸收，以免滋味淡薄。揉捻時間以 8 ～ 15 分鐘爲宜，粗老茶菁時間應適度延長。望月氏揉捻機之投入量視機械規格而定，8 吋者 6 公斤，12 吋者 10 公斤，18 吋者 12 公斤爲宜（圖 9-11）。

圖 9-11　東方美人茶揉捻作業。

茶葉適度揉至緊結成條，揉捻不足時可溶物不易浸出，滋味淡薄。揉捻過度則增加苦澀味，茶梗紅變，香氣低，葉底碎而紅，湯色黃褐。總之，東方美人茶不重視外觀條索之緊結與否，要求揉捻力道須平均，切忌白毫被揉斷揉碎，要求白毫及芽葉完好無破損。

東方美人茶揉捻後須進行解塊處理，由於製造量不如綠茶、紅茶之多，故早期使用機械解塊時，即利用動力四分之一匹馬力，轉動機長 50 公分，直徑 26.5 公分，每隔 9 公分釘一木條，機內中空，每分鐘轉速 200 ～ 400 轉，每小時可解塊 200 ～ 250 公斤茶葉。目前茶農朝少量高品質精製化發展，以手解塊爲主（圖 9-12）。

圖 9-12　東方美人茶解塊作業。

（六）乾燥

過去與現在臺灣製造東方美人茶的乾燥方法分爲三種，即機械乾燥法、乙種乾燥機與焙茶機混合乾燥法及炭焙乾燥法。茲將上述三種乾燥法分述於後：

1. 機械乾燥法

過去及現在臺灣之東方美人茶製茶工廠，設備均無綠茶與紅茶廠之規模，乾燥機大都使用手拉式乙種乾燥機，以手拉動鐵絲網片翻動每層茶葉，一般有 6 至 10 層，大小規格略有不同，通常長寬各 120 公分，網片寬 12 公分，火爐熱風由底層向上層吹送，即依次拉動網片掉落茶葉至次層。攤葉量每平方公尺 2 公斤爲宜，溫度保持 85 ～ 105 ℃，乾燥時間約 25 ～ 35 分鐘，每隔 3 ～ 4 分鐘拉動鐵絲網片一次。一般實施二次乾燥法，第一次溫度宜高（100 ～ 110 ℃），經 1 、 2 小時再行第二次乾燥，此時溫度降爲 90 ℃左右，烘至足乾（圖 9-13）。

圖 9-13　東方美人茶乾燥作業（林虹芝攝）。

2. 乙種乾燥機與焙茶機混合乾燥法

製造量稍多時可用此法，即第一次用乙種乾燥機烘至半乾狀態行「走水焙」，此時葉片已有乾脆刺手感，但梗尚未乾。取出靜置攤涼後，再用 80 ～ 90 ℃箱型焙茶機焙至足乾，此法可調控乾燥溫度、風量及烘乾時間，可節省人力與時間且有益於改善品質。

3. 炭焙乾燥法

此法現在已鮮少有人使用。焙窟使用木炭生火經完全燃燒後壓實，炭火上覆蓋木灰調控烘乾溫度，使火力不致過高燒焦茶葉。乾燥時將揉捻解塊後之茶葉 2 公斤平均攤放於焙籠中竹篩上，並將焙篩置於焙窟上進行烘焙，每隔 20 ～ 30 分鐘取出茶葉翻拌，促使水分平均蒸散，再放回焙窟上時，務必先敲打焙籠使細碎葉掉落，以免放置時掉落焙窟中燃燒冒煙，茶葉吸附煙味損及品質。烘乾至茶葉呈半乾狀態即可取出攤涼，即第一次初焙完成，俗稱「走水焙」。初乾火溫以 105 ～ 110 ℃爲宜。走水焙後茶葉經半小時至一小時攤涼後再焙，此時茶葉投入量可比初乾時增加一倍量，再焙溫度應比初乾溫度低，以 85 ～ 95 ℃爲宜，經 40 ～ 60 分鐘再乾就可完成乾燥作業，此時茶葉以手揉之易於碎斷，即可取出攤涼後進行分級包裝作業。

四、東方美人茶品質特色

（一）外觀

臺灣東方美人茶對外觀較爲注重，特級之「東方美人茶」，俗稱五色茶，係一心一葉採製，白毫肥大，色澤以黃、紅、白、綠、褐相間，顏色鮮豔者爲極品（圖9-14）。一般之東方美人茶以採帶心芽之一心二葉標準茶芽製造，開面之對口芽製成之東方美人茶雖經揉捻而有良好條索，但外形粗大又無白毫，外觀及品質稍差。

圖 9-14　東方美人茶外觀。

（二）水色

臺灣產製之東方美人茶具有清澈明亮之橙黃或橙紅水色者爲佳（圖 9-15），普級之茶品水色稍暗紅，陳年東方美人茶之水色則近於紅茶之湯色。

圖 9-15　東方美人茶茶湯水色。

（三）香氣

臺灣東方美人茶由優質茶菁原料及重萎凋重攪拌及控制發酵而製成，茶葉沖泡後帶有天然之熟果香或蜜糖香，並以熟果香爲主要的風味，常見有水蜜桃、柑橘、鳳梨、芒果及荔枝等，其次爲甜香、花香、青香或焙香等。此外，受小綠葉蟬刺吸產生的蜂蜜香也是十分重要的香氣表現。

（四）滋味

東方美人茶最主要是評鑑茶湯滋味的甘澀濃淡度來區分品質之優劣，茶湯入口要圓滑醇厚回甘且稍具收斂性者爲佳。優質東方美人茶爲保持芽葉完整只適度輕揉，茶湯緩緩釋出，帶有天然清新之熟果香，滋味甘醇圓潤且具層次感。普級茶品之滋味稍濃，以入口甘潤而不苦澀且刺激性不強者爲優。東方美人茶之茶湯滋味介於紅茶與綠茶之間，既有紅茶之醇厚甘潤，又有綠茶之清香爽口，這就是東方美人茶與其他茶葉之滋味有明顯區別的地方。

（五）葉底

東方美人茶亦有人稱之謂鑲金邊茶，葉底近半發酵紅變，主脈中心部位並未發酵仍呈淡綠色。優質東方美人茶之葉底，發酵程度高，葉面幾乎呈鮮紅色（圖 9-16）。

圖 9-16 東方美人茶葉底。

五、結語

東方美人茶學術上稱爲白毫烏龍茶，又稱膨風茶或椪風茶，係部分發酵茶類中發酵程度較高的一種，是臺灣本土研製的特色茶。茶菁原料是採自受茶小綠葉蟬刺吸（著蜒）的幼嫩茶芽，萎凋後經手工攪拌控制發酵，使茶葉產生獨特的蜜糖香或熟果香。東方美人茶盛產於夏季芒種前後小綠葉蟬繁衍期間，因氣候變遷，冬季亦呈常態。目前主要以新北市石碇區、桃園市龍潭區、新竹縣北埔鄉、峨眉鄉及苗栗縣頭份市、銅鑼鄉一帶茶區之夏冬兩季產製之東方美人茶最負盛名。此茶類製造工序經重萎凋、重攪拌，在炒菁後需用溼布巾悶置回潤，才能揉捻成形，成茶外觀白綠黃紅褐相間，猶如花朵，優質東方美人茶更帶白毫，茶湯水色橙紅清澈明亮，香氣聞之帶有天然濃郁的蜜糖香或熟果香，茶湯入口滋味甘醇圓潤之熟果味且持久耐泡餘韻無窮等特色。

六、參考文獻

1. 胡智益、李志仁。2005。小綠葉蟬吸食茶菁對白毫烏龍茶香氣成分之影響，臺灣茶業研究彙報 24: 65-76。
2. 胡智益、李志仁。2006。小綠葉蟬與三輪薊馬吸食茶菁製作之白毫烏龍茶揮發性成分比較。臺灣茶業研究彙報 25: 135-144。
3. 陳宗懋、許寧、韓寶瑜、趙冬香。2003。茶樹－害蟲－天敵間的化學信息聯繫。茶葉科學 23(增): 38-45。
4. 陳惠藏、廖增祿、高銘俊、胡家儉。1978。茶小綠葉蟬（*Empoasca formosana* Paoli）之生態觀察與防治試驗。植物保護學會會刊 20(2): 93-105。
5. 臺灣省政府農林廳。包種茶•烏龍茶製造法。1984。八萬農業建設大軍訓練教材（技術類）。行政院農業委員會。
6. 蔡永生、吳聲舜、陳國任。2009。膨風茶之秘密。兩岸客家茶文化學術論壇論文專輯。pp. 14-30。臺北縣客家文化局。
7. 蕭建興。1997。小綠葉蟬爲害對茶樹生育及茶菁品質的影響。國立中興大學農藝學研究所碩士論文。
8. 蕭建興、朱德民。2002。小綠葉蟬爲害對茶樹芽葉生育及化學成分的影響。臺灣茶業研究彙報 21: 33-50。
9. 蕭素女。1994。小綠葉蟬。茶樹病蟲害圖鑑。pp. 25-27。 臺灣省茶業改良場文山分場。
10. Kawakami, M., Kobayashi, A., Yamanishi, T., and Ruan, I. M., 1996. Characteristic muscat flavor compounds of tea made from shoots infested with green flies: Comparative flavor analysis between Darjeeling black tea and Pomfon Oolong tea. Proceedings of internat. Symp On Tea Culture and Health Sci. Kakegawa (Japan): 125-129.

10

紅烏龍茶製造技術與品質特色

文／吳聲舜

圖／吳聲舜、黃校翊

一、前言

民國 60 年代（1971）臺茶因產製成本的提高及國外的競爭，外銷量逐年降低，政府有鑒臺茶外銷受挫，爲替廣大茶農尋找出路，於民國 71 年（1982）正式廢除「臺灣省製茶業管理規則」，允許茶農設置小型茶葉加工廠，以自產自製自銷爲目的，配合政府的行銷推廣，半球形包種茶[1]席捲臺灣成爲茶葉市場的主流，並營造出不少知名的茶區如凍頂烏龍茶、阿里山和梨山等高山烏龍茶，茶葉開始由外銷逐漸轉爲內銷市場。由於球形烏龍茶以香氣特殊、滋味甘醇爲特色，廣受兩岸三地人士的喜愛，爲贈客送禮的最佳伴手禮品，優質的茶品常供不應求。

近年來臺茶受產製成本增加和種植地的受限，臺灣茶農轉移至東南亞和中國投資生產，挾著茶改場辛苦育成的品種、加工技術和募集資金，也導致這些「客製化」臺式茶充斥在臺灣市場。由於相同的品種和技術，加上低廉的產製成本，影響最大的是中低海拔茶區。面對這些衝擊影響，各茶區唯有創新朝向特色茶類發展才是最好的迎戰方式。

「紅烏龍茶」很多人或許沒有聽過，也不認識它，但最近好像很紅，近年來臺東熱氣球嘉年華會在臺東縣鹿野鄉高台舉辦，附近茶行就以冷泡紅烏龍茶，招待遠來的賓客得到熱烈的反應。網路上亦有許多茶友問到「紅烏龍茶」到底是什麼東西？屬於哪種茶類呢？是不是等同紅水烏龍。其實它是臺灣繼條形包種茶、東方美人茶、球形烏龍茶三大本土特色茶之後，由時任茶改場東部分場分場長吳聲舜和其製茶課團隊於民國 97 年（2008）研發出的本土特色烏龍茶，其外觀爲球形烏黑亮麗，水色橙紅、湯色明亮澄清具有光澤，滋味甘、甜、滑潤。茶湯看似紅茶水色，但喝起來卻是烏龍茶滋味，冷熱泡皆宜的新興特色茶。

臺東茶區在臺灣是屬較晚發展的茶區，大約在民國五、六十年開始有小規模種植茶葉，初期以種植製造紅茶爲主，後因臺灣紅茶無自有品牌，外銷紅茶都是被國外採購作爲拼配用（臺灣區製茶工業同業公會，2004），加上民國 60 年代（1971）政府推行十大建設，經濟突飛猛進，鄉村人口外流，茶葉製造成本高過其他產茶國家甚多，國際市場缺乏競爭能力，在無利可圖情況下，臺灣紅茶外銷逐漸沒落，鹿野茶區紅茶也跟著衰退沒落。爲了產業生計發展於民國 64 年（1975）開始陸續引

1　此時期所稱半球形包種茶現已改稱球形烏龍茶，可參考附錄 A 說明。

進青心大冇、臺茶 9 號、武夷品種在高台地區種植，嘗試製造煎茶外銷，但仍因產製成本過高，未能成功（吳，2014）。後因當時國內茶葉外銷遇到瓶頸轉爲內銷市場，烏龍茶成爲市場主流，搭上烏龍茶產製列車，全部改種小葉種生產球形烏龍茶，並以「福鹿茶」爲名行銷。

在民國 70 年至 80 年中期可說臺東茶葉盛期，當時中南部茶區及高山烏龍茶未成氣候，占著先天環境的優勢，臺東茶區所生產的晚冬及早春茶逐漸受到茶商及製茶業者的重視，紛紛來東從事茶葉加工及批發業務，爲臺東茶業發展奠下深厚的基礎，鼎盛時鹿野茶區種植面積一度高達 500 公頃。民國 85 年（1996）後福鹿茶進入暗淡時期，茶區面積逐漸減少，製茶工廠由最盛的五、六十家，到目前的十餘家，茶園面積也降至 200 公頃，茶區發展面臨生存新的考驗。茶園面積驟降的原因：

1. 產、製分離的因素，跟其他茶區以自產自製自銷的制度有所不同。鹿野茶農負責種茶，茶菁販售給製茶廠加工，在質與量的對立下，茶農和製茶廠間難以取得平衡，造成製茶廠無法收購茶農生產茶菁，加上受乾旱及水源不足之影響，農民只好轉作其他作物。
2. 福鹿茶知名度不足，所產茶類與其他茶區相同，批發商買回毛茶經精製後，再掛上其他知名茶區所產茶葉，市場無法開拓。
3. 受進口臺式茶的影響，原本以早春和晚冬茶特色見長的福鹿茶，受到進口臺式茶的衝擊影響大，主要爲青心烏龍和金萱兩品種。

福鹿茶區是花東兩縣最大、最重要的茶區，所生產球形烏龍茶，除了早春與晚冬茶尚具競爭能力外，其他季節所產茶葉很難與其他茶區媲美。花東地區夏秋季節日照強、光合作用旺盛，茶芽生長迅速，茶芽含有高量的化學成分，特別是兒茶素類，製造烏龍茶容易帶有苦澀味，加上氣候炎熱冷飲盛行，爲製造烏龍茶的淡季，大部分茶樹均停採進行留養（陳，1992）。夏秋茶約占全年近六成的產量，不予採收非常可惜，若能將夏秋茶加以開發利用，則可大幅增加茶農收益。

面對茶區這些困境該如何突破？如何把茶區原料的缺點變爲優點爲當務之急，爲此茶改場東部分場乃積極輔導茶區轉型升級，全面強化體質從「生產型」的茶業，轉型成「知識型」茶業。從特殊品種種植與加工製造、品質認證及品牌行銷三大環節思考，開創競爭利基。在特殊品種種植方面花東地區已是全臺大葉烏龍品種最大的產地，另臺茶 24 號（山蘊）可望成爲東部茶區另一特產。茶類除原有清香型球

形烏龍茶外，目前已推出蜜香紅茶、蜜香綠茶等茶類，逐漸獲得消費者的喜愛與肯定。在這些茶類中蜜香紅茶已成爲花蓮縣瑞穗鄉舞鶴茶區的特產茶類，消費者來到舞鶴村首選的茶類就是蜜香紅茶，舞鶴村已成爲「蜜香紅茶」的故鄉，茶區面積也逐漸地增加。

民國 97 年（2008） 8 月 7 日東部分場邀集鹿野地區農會召開福鹿茶的未來發展討論會。分場長吳聲舜爲突破鹿野茶區之困境，針對臺東茶區產製特色與氣候土宜提出發展重萎凋、重發酵程度之烏龍茶新製法，得到當時鹿野地區農會總幹事潘永豐的大力支持，經不斷地研究改良最後決定結合烏龍茶與紅茶做法創製出新的加工技術，其成品外觀形狀呈球狀，著重在烘焙，因茶湯水色橙紅，有別於傳統包種茶色澤，明亮澄清有如紅茶般的湯色，又有烏龍茶的滋味口感，特取名爲「紅烏龍茶」。由於製造紅烏龍茶茶菁條件不易受到病蟲害影響，茶園可不噴灑農藥，是項安全衛生的茶類，自民國 97 年（2008）於臺東縣鹿野鄉推出後，逐漸受到消費者的注目與喜愛，市場逐漸在擴增中，甚至在中國、歐美也受到矚目，可望成爲臺灣新興的特色茶類。

二、茶菁原料選擇與處理

（一）適製品種

傳統茶類均有其適製的品種，如凍頂烏龍茶的青心烏龍，東方美人茶的青心大冇、鐵觀音茶的紅心歪尾桃等品種，而製造紅烏龍茶對品種要求不是很嚴格，依臺東茶區現有的栽培品種如青心烏龍、大葉烏龍、臺茶 12 、 13 、 20 和 24 號均可製造，只是風味上有些許的差異。

（二）茶菁採摘

一般茶菁品質的良劣爲決定成茶品質的關鍵因子，而茶菁的採摘時期對於製茶品質更是影響，如傳統烏龍茶（清末外銷品）鮮葉採摘標準就較烏龍茶爲嫩，以一心二葉爲標準，第三、四葉以下者葉型粗大，製成茶乾條索不緊結、易帶黃片且茶梗多，精製時耗費較多人力檢梗。條形包種茶茶菁之採摘，較烏龍茶略爲粗大，因烏龍茶重視茶湯之氣味，且茶菁稍予粗採，產量增加較爲合算。以頂芽開面一、二日後，二葉三葉時採摘最爲理想，以春茶爲例，大體頂芽開面數達半數以上時即須開始採摘（林，1956）。

由於紅烏龍茶外觀爲球形，採之過遲成茶外觀形狀粗大帶有枝梗及黃片、滋味淡薄，花費在挑梗的時間較多。因此，紅烏龍茶在茶菁採摘標準跟包種茶相似，仍以頂芽開面數達半數以上者爲佳。爲因應農村勞力缺工問題，紅烏龍茶打破傳統優質茶必須手採的觀念，評鑑分級時不分手採及機採，以外觀均一及茶湯品質取勝，顚覆傳統比賽茶評鑑的規則，有效降低人工採摘成本。

（三）茶菁適製季節

臺東茶區地屬北回歸線以南，氣候炎熱茶菁生長迅速，一年可採收 6 ～ 7 次，早春和晚冬茶爲收益最高的季節，夏秋季因製造烏龍茶易帶有苦澀味，茶菁多數停採留養枝條，這些茶菁產量約占全年的 60 %左右，若不加工製造茶類非常可惜。早期外銷烏龍茶是以夏季製造的爲佳，加工傳承自武夷岩茶技術，代表其方法著重在萎凋和攪拌，是屬發酵程度重的茶類。依此特性研發，紅烏龍茶可以全年製造但以夏秋茶季爲佳，不同季節須調整加工方法。

（四）適合有機和友善茶園製造

茶菁原料的良窳是製造優質茶重要關鍵點，但茶菁條件容易受到季節、品種，病蟲害等因子限制，特別是清香的包種茶最爲講究。而製造紅烏龍茶芽葉條件則較不受上述因子限制，所以茶園可不噴施農藥，就算受到病蟲危害的茶芽（特別是受到小綠葉蟬危害），同樣可製出優質的紅烏龍茶，非常適合在有機及友善茶園推展，這也是優良茶評鑑中紅烏龍茶在農藥檢測中都合格的主要原因。紅烏龍茶屬重發酵茶類，適合在臺灣各茶區生產，特別是在夏秋季茶菁多產的季節裡，若能充分利用可大幅增加農民的收益。現今國際市場講究的是安全、衛生合於農藥檢驗標準的茶葉，紅烏龍茶應是最好的選擇。

三、紅烏龍茶製造技術

當初研發把紅烏龍茶定調爲「區域性特色茶」，因此，茶界人士不是很清楚它的特色，眾說紛紜。有人說「紅烏龍茶」就是傳統的「紅水烏龍」，可以確定的是：

不論是加工製法或是成品外觀、形狀、香氣、滋味，二者是完全不同的（表 10-1），也跟小葉種紅茶有所不同。「紅水烏龍」之名出自茶藝前輩季野老師的著作，民國 73 年（1984）擔任《茶與藝術》總編時，有感傳統凍頂烏龍的質優，將其紅香、紅水、有發酵之特色，特命名爲「紅水烏龍」。「紅水」指的是「茶葉」因「綠葉鑲紅邊」而呈現偏紅，而不是「茶湯」的紅水。

紅水烏龍的製造過程裡有三個關鍵不可忽視：

1. 日光萎凋要足，所以茶農採茶最怕下雨天。
2. 弄菁作業（攪拌）要完整，輕柔攪拌功夫省不得——茶葉成品是否會出現「咬壠紅」（即綠葉鑲紅邊）就看這一關。
3. 還沒烘焙前的烏龍茶是金黃色的，經過烘焙的輕重，紅水烏龍才會呈現橙黃帶紅褐的湯色，成茶滋味強調香、甘、滑、重。

紅烏龍茶的加工製程中脫離不了烏龍茶的基本工法，但是融入部分紅茶工序，是結合兩種茶類的創新組合，基本上與紅水烏龍的加工有很大的不同。比較接近的是兩種茶類都著重在烘焙，紅水烏龍烘焙是降低萎凋攪拌時的缺點如雜味，利用高溫烘焙產生梅納（Maillard）反應使水色加深。但紅烏龍茶水色形成是在發酵階段，兩者是不同的。紅烏龍茶特別強調烘焙，是因爲烘焙才能將紅烏龍茶甘醇滑潤特色凸顯。

▼ 表 10-1　紅水烏龍與紅烏龍茶成品的區別

項目	紅水烏龍	紅烏龍茶
發酵程度	發酵程度較輕	發酵程度重
外觀	外觀捲曲橙黃色	球形、緊結、色澤烏黑帶有光澤
水色	橙黃或琥珀色	琥珀或橙紅色，湯色澄清明亮具有光澤
香氣、滋味	滋味甘、滑、帶有熟果風味適合熱飲	帶有熟果香、花香或蜜香風味，滋味甘、甜、滑、潤，冷熱泡皆宜
葉底	葉片為綠葉鑲紅邊	葉片呈琥珀色

紅烏龍茶屬於部分發酵茶，其製造流程爲（相關加工流程圖片如圖 10-1 ～ 10-7）：

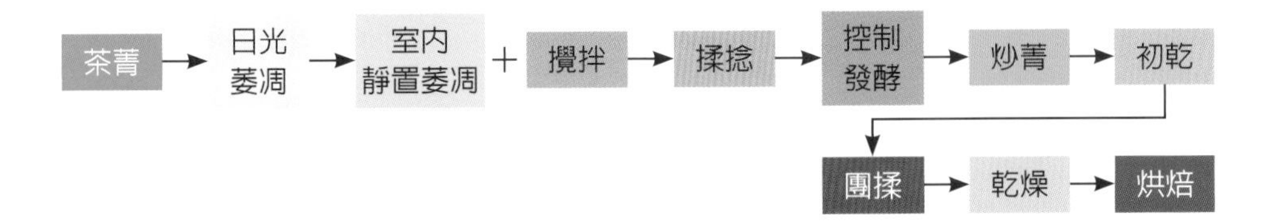

圖 10-1　紅烏龍茶日光萎凋。

圖 10-2　紅烏龍茶手工攪拌。

圖 10-3　紅烏龍茶機械攪拌。

圖 10-4　紅烏龍茶機械攪拌後之茶菁外觀。

圖 10-5　紅烏龍茶機械揉捻作業。

圖 10-6　紅烏龍茶炒菁作業。

圖 10-7　紅烏龍茶團揉作業。

（一）加工著重在萎凋和攪拌階段

紅烏龍茶加工製程簡易不像烏龍茶講究和細緻，但特別強調在萎凋和攪拌階段，在烏龍茶製程中日光萎凋程度會決定後續加工的時間與處理，同樣的紅烏龍茶亦是如此，又其講究重攪拌，所以日光萎凋的時間和程度一定要足夠（圖 10-8），在正常氣候下，一般要比烏龍茶日光萎凋時間多到 8 ～ 12 分鐘（視茶菁原料而定），及調整室內萎凋時間，才可避免因攪拌過重葉片產生過多的積水。一般紅烏龍茶攪拌時間較包種茶爲久，但次數可減少約 3 ～ 4 次，攪拌時間可隨著茶菁萎凋程度作調整。

圖 10-8　重萎凋、重攪拌之紅烏龍茶菁。

（二）特殊步驟——控制發酵

「紅烏龍茶」是結合烏龍茶與紅茶之加工特點與品質特色所新創製出來的特色茶，發酵程度可說是目前烏龍茶類中最高的，茶湯水色較鐵觀音茶和東方美人茶（膨風茶）爲深。與傳統烏龍茶類最大的不同點在發酵階段，烏龍茶加工製程可區分爲；萎凋、攪拌、炒菁、揉捻、乾燥等重要基本步驟，萎凋、攪拌都屬於發酵階段，但紅烏龍茶卻多出了控制發酵過程。其目的何在？主要是重萎凋和攪拌茶葉芽葉水分不易控制，導致芽葉發酵不平均，容易產生香氣、滋味不揚。因此，需要控制發酵過程，使其發酵均質。

當初研發時也曾採用傳統番庄烏龍茶做法，試驗結果水色、滋味和香氣都不盡理想，因此，我們就融入紅茶揉捻後發酵這過程，使其發酵更均質，控制發酵使其發酵度較紅茶爲低，菁味退去花果香出現即可進行炒菁作業。這是紅烏龍茶異於烏龍茶和紅茶類的最大特點，烏龍茶是先炒菁後揉捻，紅烏龍茶則是先揉捻再控制發酵後才進行炒菁，這是青茶類製程改變新的突破。

（三）不必熬夜製茶，可機械代替手工

日光萎凋完後移入室內萎凋攪拌，全程可以用浪菁機及揉捻機協助，攪拌次數約3～4次，以浪菁機攪拌每次時間要倍增，次數及時間可隨萎凋程度及當時氣候條件、個人時間調整，甚至可延至第二天再進行揉捻，加工時有很大的彈性調整空間。

（四）球形外觀著重烘焙

紅烏龍茶外觀呈球形，主要是包裝方便不會占太多體積。因此，在研發時就設定以球形外觀爲標的，所以紅烏龍茶外觀形狀爲球形色澤暗紅帶有光澤。重萎凋及發酵程度重的烏龍茶類如鐵觀音茶、凍頂烏龍茶等特別重視烘焙，烘焙能去蕪去菁，並經梅納反應產生甘醇、熟果風味及韻味。紅烏龍茶同樣著重烘焙，其烘焙溫度約90～120℃的範圍，時間在10～20小時之間。製造紅烏龍茶會因品種特性、茶芽老嫩及受病蟲害刺吸等因素，香氣會呈現熟果香、花香或是蜜香風味。著重烘焙之紅烏龍茶，在評鑑時強調的是熟果香氣和茶湯滋味的甘醇，可帶有輕熟香，但不能有重熟味或焦味之產生。

四、紅烏龍茶品質特色

紅烏龍茶是結合烏龍茶與紅茶之加工特點與品質特色所新創製出來的特色茶，發酵程度可說是目前烏龍茶類中最高的，茶湯水色較鐵觀音茶和東方美人茶（膨風茶）爲深，接近紅茶。要如何形容紅烏龍茶的品質特色，茶人洪飛騰先生所寫「紅色茶湯鮮果香，甘醇回味撲鼻樑，一心二葉手工採，冷泡滋味透心涼」最爲傳神。與傳統烏龍茶類最大的不同點是在茶菁原料不受季節限制（夏秋季製造更好），鼓勵茶農不噴灑農藥，尤其是受到小綠葉蟬刺吸之茶菁製造紅烏龍茶帶有濃郁的蜜香風味更是迷人。考量農村人口老化及缺工問題，如維持手採方式採茶工人勢必難尋。因此，研發時就朝向機械採收、加工流程簡化及自動化方式思考，來降低生產成本，控制茶菁在最佳狀態進場。加工方式注重在萎凋攪拌和發酵階段，與傳統烏

龍茶類製法有許多突破與改革之處，此外，茶乾特別著重在烘焙。

紅烏龍茶除了使用機採方式採摘外，亦可視茶芽生長情況改爲手採生產球形烏龍或精品級紅烏龍茶，若因採工或氣候因素影響，採收延遲和萎凋攪拌失控，最終可考慮改製紅烏龍茶，讓製茶廠有調整茶類製造的空間，亦可配合紅烏龍茶冷飲及罐裝茶飲原料產製。目前鹿野茶區各季節產製茶類爲春冬季生產清香型烏龍茶，夏秋季生產紅烏龍茶，全年亦有產製紅烏龍茶的茶廠。此外，紅烏龍茶優良茶評鑑方式打破許多傳統優良茶比賽模式，首先打破傳統等第分級觀念，入選茶樣以金牌、銀牌和優良獎三級區分，相同品質茶樣列在同等級，讓得獎名額增加，不再以特等獎塑造個人英雄，消費者可清楚了解級距間的差距，另改以金、銀和優良獎讓購買人覺得送禮大方得宜且經濟實惠。此外，紅烏龍茶不分手採、機採方式，茶樣允許拼配以品質風味取勝，完全打破傳統比賽茶之觀念。以下爲紅烏龍茶品評時，評審對茶樣各項風味之要求，分述如下：

（一）外觀

紅烏龍茶外觀爲球形，必須緊結不帶茶梗或黃片，色澤墨黑富光澤爲上品，因機採加上先揉捻，會有破碎葉導致球形顆粒較小，只要外觀無太多缺陷也在允許範圍（圖 10-9）。

圖 10-9　紅烏龍茶外觀。

（二）水色

一般球形烏龍茶沖泡 3 公克茶樣時間爲 6 分鐘，紅烏龍茶爲烏龍茶類發酵程度最高者，茶湯水色接近紅茶，爲求均一的水色及風味，研發時沖泡時間分別以 3.5、4、4.5、5、5.5 和 6 分鐘比較，最終認爲以 4 分鐘茶湯水色及風味最佳，遂以 4 分鐘決定沖泡標準時間，這是跟其他球形比賽茶較爲特殊之處。紅烏龍茶水色範圍在橙黃至橙紅色間，明亮帶有光澤爲上品（圖 10-10）。

圖 10-10　紅烏龍茶茶湯水色。

（三）香氣

茶樹品種是決定香氣的先天條件，而香氣的形成則與環境、季節及加工茶類、烘焙有關。部分發酵茶之所以讓製茶師及茶藝人士喜愛著迷的原因爲加工技術的變化，所呈現的品種香氣與滋味變化萬千，如青心烏龍的蘭花香，金萱品種的奶香等。而紅烏龍茶屬重發酵、重烘焙的烏龍茶類，能製造出帶有品種及花香的茶樣並不容易，多數以果香和韻香見長。大葉烏龍、臺茶 20 號（迎香）及武夷品種較易呈現品種特色香。雖然紅烏龍茶注重焙火但不能帶有焦味，允許帶有熟香。以帶有果香、蜜香、韻香和花香爲上品。

（四）滋味

紅烏龍茶的研發除了爲臺東茶區建立特色外，也是在替年產量近六成的夏秋茶尋找出路，夏秋茶因日照較長且溫度較高，茶芽生長迅速，芽葉含有多元酚類及咖啡因含量較其他季節高，製造烏龍茶易帶有苦澀味，茶湯圓滑及甘醇度較不足。傳統上發酵度重的烏龍茶類必須靠焙火來凸顯特色，如鐵觀音及凍頂烏龍茶等。在滋味評鑑時以不帶有菁、苦、澀、酸、雜、悶味及陳味爲標準，以甘、醇、厚且帶有蜜香、果香、韻香、花香爲上品。近年來鹿野茶農在栽培管理及加工技術有許多精進之處，以金萱品種製造的紅烏龍茶呈現滑順、甘醇及帶有深厚的韻味，令人著迷回味，值得肯定。

（五）葉底

紅烏龍茶屬重發酵茶類，芽葉爲對口採摘爲適，加上機剪、手採混合，茶菁揉捻關係，芽葉易破碎不完整，茶葉經沖泡後外觀爲橙紅或墨黑（圖 10-11）。

圖 10-11　紅烏龍茶葉底。

五、結語

從臺茶發展歷史中，我們發現新興茶類的推廣至少要二、三十年的時間，才能發展成型廣爲普及，不管是條形包種茶、東方美人茶或是半球形包種茶（現稱球形烏龍茶）均是如此。紅烏龍茶自民國 97 年（2008）茶改場東部分場推出後，已逐漸受到業者、消費者的肯定，目前臺東縣卑南、太麻里和鹿野鄉是主要產區，其中鹿野鄉爲最大產地。西部茶區也有部分茶農開始量產。民國 99 年（2010）鹿野茶區全年已超過 2 萬臺斤，民國 108 年（2019）更達到 10 萬臺斤以上，零售價 1,600 ～ 3,000 元／臺斤。原以清香型烏龍茶爲主的鹿野茶區，現全年產製紅烏龍茶已占八成以上，顯示紅烏龍茶已有一定的消費市場，每年帶給臺東縣茶農近 2 億元以上的收益。

目前紅烏龍茶已有部分外銷到歐美市場，中國、美國、德國和澳洲也有廠商向鹿野製茶廠下訂單。臺東縣政府相當看好紅烏龍茶的發展潛力，將紅烏龍茶列爲代表臺東的特色茶類，目前已通過產地證明標章，鹿野鄉公所也已向中國註冊地理標章。

六、參考文獻

1. 吳聲舜、蔡永生、蔡志賢。2012。台灣東方美人茶（膨風茶）發展源流之探討。第七屆海峽兩岸茶業學術研討會論文集。pp. 1041-1049。中國茶葉學會。
2. 林馥泉。1956。烏龍茶及包種茶製造學。pp. 11-12。大同書局。
3. 徐英祥。2003。台灣烏龍茶包種茶製造的演變。臺灣茶葉產製科技研究與發展專刊。pp. 23-40。行政院農業委員會茶業改良場。
4. 陳國任。1992。缺水及不同溫度處理對茶樹芽葉生育、化學成分及葉綠素 a 螢光釋放之影響。國立臺灣大學農藝研究所碩士論文。
5. 臺灣區製茶工業同業公會。2004。臺灣區製茶工業同業公會成立五十週年慶專輯—臺灣製茶工業五十年來的發展。臺灣區製茶工業同業公會。
6. 劉乾剛、楊江帆、林智。2003。烏龍茶的起源與歷史。第三屆海峽兩岸茶業學術研討會論文集。pp. 456-460。中國茶葉學會。

11

紅茶製造技術與品質特色

文、圖／黃正宗

一、前言

根據國際茶葉委員會統計（ITC），全世界有超過四十多個國家生產紅茶，2020 年全球茶葉種植面積爲 509.8 萬公頃，茶葉產量 626.9 萬噸。以 2020 年的產量估算，理論上可滿足全球約 780 克／人的需求，而其中紅茶是全球茶葉貿易的主要茶類，比例超過 1 ／ 2 。 2020 年茶葉產量居世界第一的爲中國（298.6 萬噸），第二的依然是印度（125.8 萬噸），排位第 3 ～ 10 名的依次是肯亞（57.0 萬噸）、土耳其（28.0 萬噸）、斯里蘭卡（27.8 萬噸）、越南（18.6 萬噸）、印尼（12.6 萬噸）、孟加拉（8.6 萬噸）、阿根廷（7.3 萬噸）和日本（7.0 萬噸），排名前十名中，除了中國與日本主要以生產綠茶爲主之外，其餘皆主要爲紅茶生產國（ITC，2021）。值得一提者爲肯亞，其不僅是茶葉產量高居世界第三，亦是非洲最大茶葉生產國。

民國 59 年（1970）以前是臺灣茶葉外銷的輝煌時期，生產製造之茶葉有 80 ％爲外銷，民國 59 年（1970）茶葉總輸出量爲 21,135 公噸，紅茶占總輸出量的 53 ％。此後臺灣茶業受工商業發展之影響，生產成本提高，國際市場競爭力減弱，直到民國 79 年（1990）臺灣紅茶輸出量僅剩 561 公噸，國內紅茶消費市場反而仰賴進口。

二次大戰前，紅茶生產以製造條形茶（Orthodox）爲主，戰後爲節省茶葉加工成本，並迎合消費大眾需求，經由製茶機械的研發，印度、斯里蘭卡研發分級紅茶製造法，採用切菁、CTC、CCC 與螺旋式壓搾（Rotorvane）等省工製法，使紅茶製造邁入連續式機械化大量生產階段，也使紅茶消費由條形茶轉變爲以碎形紅茶爲主。總之，紅茶因具有特殊之花果香與濃烈之收斂性，茶湯明亮豔紅，至今仍是全世界消費大眾喜好飲料茶之一。

（一）紅茶之由來

1. 紅茶起源與傳播

紅茶，根據考證最初由小葉種紅茶發展而來。紅茶始產於福建省崇安縣桐木關，交易於武夷山下的星村鎮。清代劉靖在《片刻餘閒集》中即有記載：「山之第九曲盡處有星村鎮，爲行家萃聚。外有本省邵武、江西廣信等處所產之茶，黑色紅湯，土名江西烏，皆私售於星村各行。」星村鎮至今仍是中國小種紅茶的集散地。

在此生產之紅茶，由於桐木關山高雲霧多，茶葉萎凋困難，製茶師傅在室內燃燒當地出產的松木進行加溫，促進茶葉萎凋，松木燃燒後產生松脂香氣被茶葉吸附，故製成茶葉具有特殊松煙香，即成爲小種紅茶品質特徵。在 1610 年前後，由荷蘭商人第一次運往歐洲銷售的紅茶就是小葉種紅茶。荷蘭商船於 17 世紀初期，首次將中國紅茶引進歐洲。隨後英國伊麗莎白女皇一世成立東印度公司，直接從福建進口茶葉。因於廈門所收購的武夷紅茶，茶色濃深，故被稱爲 Black Tea。

由於紅茶是來自於遙遠東方的珍品，因此，紅茶傳進歐洲時，「喝茶」是歐洲上流社會的專屬享受。後來紅茶才在倫敦的咖啡屋及紅茶庭園開始逐漸流行。紅茶庭園出現於倫敦郊區，大多數英國人藉此風潮開始接觸紅茶，直至 18 世紀中葉，紅茶才眞正進入歐洲人民的生活中。

2. 臺灣紅茶的起源與發展

1899 年三井合名會社於在臺灣北部大規模開拓茶園，是臺灣生產紅茶的先驅。日本臺灣茶株式會社於 1907 年設立，專門產製紅茶輸出日本及俄國。民國 14 年（1925）12 月，由日本三井物產株式會社自印度引進 Jaipuri、Manipuri、Kyang 品種，平鎭茶業試驗支所於民國 15 年（1926）1 月將其與於魚池鄉司馬鞍山之野生茶茶籽播種於中央研究所蓮華池試驗支所，並在民國 17 年（1928）至 19 年（1930）在同地建立母樹園，供爲採種原。民國 24 年（1935）在母樹園採種子並播種在魚池分場（中部分場前身）保留地，目前茶改場中部分場仍然保存此種原茶園。至民國 25 年（1936）成立中央研究所魚池紅茶試驗支所以後，陸續自國外引進 Shan、Burma、祁門、湖南及大吉嶺等種植在各區茶園，供爲育種之材料。

民國 17 年（1928）三井合名會社將臺灣紅茶以「Formosa Black Tea」送至倫敦和紐約銷售，深受消費者青睞。隔年主銷倫敦，次銷美國和澳洲，這也是臺灣日後極富盛名的日東紅茶（Nitton）與立頓紅茶（Lipton）一較長短的開始。之後日本許多茶葉公司來臺投資開拓阿薩姆種茶園，並設立新式紅茶製造工廠，大量生產紅茶。

民國 26 年（1934），臺灣紅茶生產量有 633 萬公斤，輸出量更達 580 萬餘公斤，爲日治時代的最高紀錄。自該年以後，由於國際間限產協定逐年放寬，之後二次世界大戰爆發，日本因糧食缺乏及兵源之需要，將部分茶園改種糧食作物與勞力移轉使用，使得茶園荒廢，進而使臺灣的紅茶出口亦漸漸減少。

臺灣光復後，政府積極獎勵復興茶園，並同時研究碎型紅茶的製造技術，並於民國 57 年（1968）成立臺灣省茶業改良場。之後，茶改場中部分場（前身爲魚池分場）於民國 62 年（1973）成功選育紅茶茶樹品種，並命名爲臺茶 7 號、 8 號。民國 88 年（1999）中部分場（前身爲魚池分場）以多年的雜交育種經驗，經由緬甸大葉種與臺灣原生山茶雜交，選育出適製優質的紅茶品種，並經命名爲臺茶 18 號（紅玉），其製成紅茶具有天然薄荷香及肉桂味，源自於臺灣原生山茶，並被日本紅茶專家稱之爲臺灣特有之「臺灣香」，爲臺灣獨有之特色，在世界眾多知名紅茶中，屬極爲特殊且獨特之品種。民國 97 年（2008）中部分場（前身爲魚池分場）完成臺茶 21 號（紅韻）選育及命名，其製成紅茶之水色金紅明亮，香氣帶有濃郁花果香、似芸香科植物開花時散發之花香味，茶湯滋味甘甜鮮爽，爲適合製造高香型之大葉種品種。民國 106 年（2017）中部分場（前身爲魚池分場）完成臺茶 23 號（祁韻）選育及命名，爲臺灣第一個爲製造紅茶而選育之高香型小葉品種茶樹；其製成紅茶品質優異，水色橙紅，香氣依發酵度及季節不同具柑橘花香、甜花香及果香，滋味甘醇濃厚。民國 110 年（2021）中部分場（前身爲魚池分場）更完成臺茶 25 號（紫韻）選育及命名，爲臺茶系列第一個富含花青素的紫色芽品種；其製成紅茶具幽雅蘭花香；因具鮮豔紫色芽葉，亦可應用於園藝、綠籬及景觀地景營造。

此外，民國 88 年（1999） 921 地震之後，在日月潭紅茶的帶動之下，小葉種紅茶也逐漸在臺灣的紅茶市場中興起。臺灣的小葉種紅茶以花東茶區發展較早，因其氣候溫暖，茶園中幾乎全年都可發現小綠葉蟬，促成了蜜香紅茶的出現；民國 95 年（2006）茶改場爲了解決西部茶區夏、秋茶的產銷問題，將夏、秋二季茶菁製成紅茶，並嘗試融入部分發酵茶日光萎凋、攪拌技術，發揮臺灣小葉種茶樹品種高香的特性，產製高香型小葉種紅茶，成爲一個「魚與熊掌兼得」策略。至此小葉種紅茶如雨後春筍般加入紅茶市場，全臺幾乎只要產茶的茶區就有小葉種紅茶的產品。

二、茶菁原料選擇與處理

紅茶製造過程主要爲採摘茶樹幼嫩芽葉，經由萎凋→揉捻↔解塊→發酵→乾燥製造而成。新鮮茶葉內含物質，除了水分外，所含化學成分主要有多元酚類化合物、胺基酸、咖啡因及各種芳香物質等。這些成分和紅茶品質有一定關係，能在製茶過程中參與化學轉化，影響紅茶色、香、味及品質。

茶樹新梢採下之芽葉必須符合加工原料之基本要求，無論是大葉種或者是小葉種茶樹，一般如果用新梢成熟度來判斷採摘適度，如以新梢長至駐芽（俗稱開面或對口芽）時之成熟度爲 100 %，（條形）紅茶則以成熟度（對口率）10 % 以下爲宜，而碎形紅茶的新梢成熟度約以 80 %左右最好。在實務管理上，小葉種紅茶茶芽適採生長天數時間約爲採製烏龍茶茶芽生長天數再提早 3 ～ 5 天，採摘長度以一心二葉爲最佳。因此，在不違農時之下，及時採摘是製造好茶不二法門。

三、紅茶製造技術

（一）室內靜置萎凋

1. 萎凋目的

茶菁含水量一般在 75 %左右，此時葉部組織呈硬脆狀態，如直接進行揉捻，不僅茶菁容易破碎，難以捲曲成條，且茶汁流失後會使製成之紅茶品質降低。因此，萎凋主要目的是使茶菁均勻散失適量的水分，減少細胞張力，促使葉質柔軟，增加茶葉韌性，爲揉捻創造有利的條件。萎凋期間茶菁逐漸失水，伴隨著引發內含物質發生一系列的化學變化，如多元酚氧化酵素（Polyphenol oxidase）和過氧化物酵素（Peroxidase）活化，不可溶性物質水解爲可溶性物質，茶葉菁味成分揮發，減少菁臭氣等，均有利於茶葉香氣與滋味的形成與發展。

2. 影響萎凋的因素

要製好茶的先決條件是要有好的茶菁及良好的氣候環境，爲使茶菁原料能發揮最高價値，控制萎凋期間茶菁的失水量和失水速率就顯得格外重要。一般紅茶萎凋至茶菁含水率 60 ～ 64 %（Moppet, 1922），此時萎凋葉表面失去光澤呈暗綠色，茶菁葉質柔軟，嫩梗折而不斷，青草氣減低並透出清香，即可進行揉捻作業。若萎凋不足，葉質硬脆，揉捻時茶汁流失，發酵度不易控制，製成毛茶碎片多，香低味淡；但若茶菁萎凋過度，葉乾硬難以揉出茶汁，揉後條索不緊結，發酵不易均勻，成茶香低滋味淡薄。

一般萎凋環境之溫、溼度、通風條件和攤葉厚薄對茶菁失水有直接影響。在高溫低溼環境下萎凋，由於萎凋葉之蒸氣壓力差增大，水蒸氣擴散速度加快，但葉片水分蒸發過快，將不利於茶葉內含物質的化學變化。攤葉厚度主要影響到葉片間通氣效果，攤葉過厚，氣體之穿透受影響，相對地增加葉片間之相對溼度，故適度送風，使空氣由葉面經過，吹散葉面水汽，降低葉片間之空氣溼度，使葉片內外蒸氣壓差加大，可促進茶菁萎凋速率。

3. 萎凋方法與技術

紅茶萎凋一般分爲自然萎凋與人工萎凋兩種方法，目前普遍採用人工萎凋，茲說明如下：

⑴自然萎凋（圖 11-1）

在室內設置萎凋架，每一組約 10 層萎凋網，攤葉量每平方公尺 0.6 ～ 0.8 公斤，萎凋室溫溼度控制在相對溼度 60 ～ 70 ％，溫度 23 ～ 26 ℃爲最適宜，空氣流通速率約 0.25 ～ 0.5 公尺／秒。若製茶品質以香氣爲製造重點時，應以幼嫩茶菁爲原料，並採低溫萎凋；較粗老之茶菁可適度提高萎凋溫度。萎凋時隨茶葉水分之蒸散，室內溼度逐漸升高，此時利用抽風機以 0.5 公尺／秒之速度排除室內氣體，空氣流動並使新鮮空氣得以進入室內，降低萎凋室溫溼度，促進萎凋速率。

萎凋適合之程度，可依茶菁品級與所要求成品品質而異來判斷，含水率愈高之茶菁，相對之下茶菁水分減少比率需愈高，實務上，根據不同季節、茶樹品種，當萎凋過程中，大葉種茶菁減重約 30 ～ 55 ％（春茶減少宜在 45 ～ 55 ％，夏茶減少宜在 40 ～ 50 ％，秋茶減少宜在 30 ～ 40 ％）、小葉種茶菁減重約 30 ～ 45 %時，即可進行揉捻製程。萎凋時間受茶菁老嫩及氣候變化之影響差異甚大，一般紅茶萎凋約需 16 ～ 22 小時，此時爲了縮短萎凋時間，可將熱風送進萎凋室，並將潮溼空氣抽出，適宜之萎凋熱風溫度爲 38 ± 2 ℃，風速 0.5 公尺／秒，相對溼度爲 65 ～ 75％。

⑵人工萎凋

人工萎凋不但可以縮小萎凋室面積，也可做大規模之生產。人工萎凋一般採用萎凋槽（圖 11-2），萎凋葉層間以透氣方式輸送熱風，溫度以 32 ± 2 ℃最適宜，風速 1.0 公尺／秒，攤葉厚度以不超過 30 公分爲原則。送風模式採間斷式送風方式，每次送風約 2 小時後，暫停送風約 2 小時，連續重複作業 3 ～ 4 次，總送風時間約 6 ～ 8 小時，總萎凋時間（含暫停送風時間）仍須維持在 18 ～ 22 小時之間。如空氣溼度較低、氣溫高時（例如：夏、秋季傍晚），可以不用熱風，直接送入新鮮空氣萎凋即可，若雨水菁，應先輸送冷風吹散附著於葉表之水分，再以熱風萎凋爲宜。

圖 11-1　自然萎凋。

圖 11-2　熱風式萎凋槽。

（二）揉捻

1. 揉捻目的

揉捻是使萎凋葉在揉捻機內承受擠、壓、搓、撕、捲等機械力的作用。萎凋葉經揉捻後，葉肉細胞損傷，茶汁外溢，促使多元酚類化合物氧化，形成紅茶特有的色、香、味。揉捻也使萎凋葉搓揉捲成條索緊結之外型，揉後茶汁黏著葉表，乾燥後色澤烏潤有光澤，沖泡時可溶性物質易溶於茶湯，增進茶湯濃稠度。

2. 揉捻原理

萎凋葉在揉捻筒內受多方面力的作用，揉捻時應掌握「輕、重、輕」加壓原則，使葉片在桶內搓揉翻滾，並以葉脈爲中心扭捲成條。因揉捻初期不加壓或輕壓，可使葉片初步成條，然後再逐步加壓，收緊茶葉條索，結束前再減壓，使茶汁吸附並讓茶葉菁味轉化，但揉捻時仍需視茶菁老嫩靈活運用。

隨著萎凋葉揉捻之進行，也是多元酚化合物氧化之開始，並隨揉捻時間之延長逐漸加劇，故一般算紅茶發酵（氧化）時間常以揉捻爲啟始點。充分揉捻是發酵的必要條件，揉捻應使葉肉細胞損傷率超過 80 ％以上，且條索緊結，茶汁外溢，黏附葉表面，如揉捻不足，將使茶葉發酵不良，茶湯滋味淡薄並帶有菁臭味。若搭配以揉捻中茶菁色澤變化來判斷發酵程度，當第一、二葉茶菁間之茶梗色澤轉呈現鵝黃色時，亦表示已達適度揉捻狀態。

3. 揉捻方法與技術

揉捻筒內茶菁標準投入爲 0.6 ～ 0.7 公斤／公升， 36 吋（揉捻筒直徑）揉捻機容納茶菁重量爲 150 ～ 180 公斤（Moppet, 1922），揉捻機揉筒之迴轉數，一般單動式揉捻機爲 40 ～ 45 轉／分鐘（例如：CCC 揉捻機，圖 11-3），雙動式揉捻機則爲 50 ～ 55 轉／分鐘（例如：Jackson 型揉捻機，圖 11-4），揉捻初期不加壓，以後逐漸加壓，但在中途要有數次鬆壓，使揉捻筒內結塊茶葉鬆散及驅散因揉捻茶葉升高之熱氣，並導入新鮮空氣，以促進發酵均勻。若爲幼嫩茶菁且以香氣爲主時，壓力可較輕；較粗老茶菁且以水色爲重點時，可提高揉捻壓力。若揉捻機具有調整轉速之功能，則可利用加快轉速來取代輕加壓；反之，亦可以調低轉速之方式來降低揉捻力道，減少對茶菁之破壞，但轉速至少需維持 35 轉／分鐘以上（單動式揉捻機）或 45 轉／分鐘以上（雙動式揉捻機）。

具有香氣品種，萎凋時控制室內在較低溫度並適度降低揉捻壓力；如爲深剪枝或幼木園萌發之茶芽，茶菁水分含量高而柔嫩，或不具香氣之原料，而以水色、滋味爲重點時，可增加揉捻迴轉數；如以形狀爲目的時，茶葉萎凋可較重，揉捻時慢慢加壓。

圖 11-3 CCC 揉捻機。

圖 11-4 Jackson 揉捻機。

（三）解塊

1. 解塊之目的

解塊主要目的是解開茶葉團塊，散發積熱，降低葉溫，並初步分級，將碎形、條形茶或老嫩葉分開，使老嫩葉都能充分揉捻，均勻發酵（氧化）。因爲揉捻過程中茶葉受到機械作用力影響，多元酚類開始氧化，釋放熱量使桶內葉溫升高，必須及時散熱降溫，且因揉捻擠壓作用，茶汁溢出黏附葉面，結成團塊，及時解塊有利於降溫、揉捻均勻與條索緊結，在揉捻過程中至揉捻結束，約需進行 2 ～ 3 次解塊。（圖 11-5）

2. 解塊方法與技術

解塊機多爲迴轉振動式，迴轉數爲 300 轉 / 分。長方形傾斜式安置機器前方爲一滾動式木製或金屬製滾輪。茶葉經過木製或金屬製滾輪時先將揉捻葉打散，隨後進入下方傾斜式震動篩網，茶葉經過振動之篩網即可將結成團塊之揉捻葉再次打散，並可將揉捻過程中揉破之細碎茶葉適度篩出。揉捻桶徑 24 吋（含）以下之揉捻機，需解塊 2 次；揉捻桶徑大於 24 吋（32 、36 或 42 吋），可進行 2 ～ 3 次解塊。

圖 11-5　解塊機。

（四）發酵（氧化）

1. 發酵（氧化）目的

發酵是紅茶品質形成的重要關鍵，在揉捻過程中發酵雖已經開始，但揉捻結束時，發酵尚未完成，必須經由「發酵（氧化）」處理，才能使揉捻葉在最適條件下完成內質的轉化，形成紅茶特有的色、香、味及品質（阮，1981）。茶葉多元酚氧化酵素是茶葉中多元酚類成分氧化反應的催化劑，紅茶發酵關鍵是多元酚氧化酵素催化兒茶素類氧化聚合形成；再進一步氧化聚合形成茶黃質類與茶紅質類等氧化物，其中茶黃質類與紅茶茶湯之明亮度、鮮爽度和濃烈程度有密切關係（Ellis and Cloughley, 1981），茶紅質類則是使紅茶茶湯收斂性減弱，刺激性也較小（Deb and Ullah, 1968；蔡，1983a）。

2. 發酵（氧化）程度掌控

發酵（氧化）程度掌控會直接影響紅茶品質。紅茶發發酵（氧化）過程除了內部發生化學成分變化外，外部組織特徵也呈有規律的變化。如葉部色澤由青綠、黃綠、黃紅、紅、紅銅色到暗紅色。香氣也由菁氣轉爲清香、花香與果香，如氧化過度則出現酸餿味，若氧化不足，則成茶色澤不烏潤，湯色欠紅、帶有菁氣，滋味菁澀（茶黃質類含量不足）；氧化過度，成茶色澤枯暗，水色紅暗，香氣低悶，滋味平淡（茶黃質類已過度氧化成茶紅質類）。因此，紅茶氧化時若葉片菁氣消失，葉色變成紅銅色（大葉種全葉、小葉種茶菁細梗），並出現清新之花果香味，表示已氧化適度，可進行乾燥作業。

3. 發酵（氧化）技術與方法

氧化溫度與時間對葉溫有直接影響，室溫及葉溫增加，則氧化效率提升，氧化時間減少。一般而言，大葉種茶菁平均氧化時間約須 90 ～ 180 分鐘。根據試驗結果顯示，當室內溫度在 15 ℃時，氧化時間約須 180 ～ 240 分鐘；室溫 20 ℃環境下，氧化時間約須 150 ～ 180 分鐘；室溫 25 ℃環境下，須 120 ～ 150 分鐘進行氧化；室溫 30 ℃環境下，氧化須 60 ～ 90 分鐘（氧化效率過高，茶湯滋味收斂性過強、香氣轉化不足）； 35 ℃環境下，須時 30 ～ 60 分鐘（氧化效率過高，茶湯滋味收斂性過強、香氣轉化不足）。根據試驗結果顯示，氧化室溫以 24 ～ 25 ℃，氧化時間約 120 ～ 150 分鐘，葉溫在 30 ℃最適（蔡，1983b）。若以季節而論，氧化時間春茶約爲 120 ～ 150 分鐘，夏茶 90 ～ 120 分鐘，秋茶 90 ～ 120 分鐘；若爲小葉種茶菁，則其發酵時間可適度延長 15 ～ 30 分鐘。若以茶葉風味特色而論，在揉捻加上發酵製程總時間不變之條件下，生產香氣型紅茶時，宜適度縮短揉捻時間，增加發酵時間；反之，生產滋味型紅茶時，則可以加重揉捻壓力或適度延長揉捻時間，縮短發酵時間之方式來進行。

水分是茶葉發酵（氧化）過程中各種物質變化不可或缺的介質，也是物質變化直接參與者，爲使發酵（氧化）能順利進行，必須保持葉片適當的含水量，因此，發酵室相對溼度必須保持在 90 ～ 95 %以上（室溫 24 ～ 25 ℃）有利發酵（氧化）之進行，當室溫升高時，可降低相對溼度來進行環境調整。茶葉發酵臺以玻璃材料或水泥爲優（忌用鐵製發酵臺），條形茶（篩上）茶葉攤放厚度爲 5 ～ 7 公分，碎形茶爲 4 ～ 5 公分；發酵（氧化）過程保持發酵室空氣流通，提供足夠氧氣促進氧化（圖 11-6、圖 11-7）。

圖 11-6　茶菁發酵前（發酵架）。

圖 11-7　發酵後呈紅銅色茶菁。

（五）乾燥

1. 乾燥目的

乾燥是紅茶加工製造最後一道步驟，主要目的是利用高溫迅速破壞酵素的活性（於第一次乾燥完成），蒸發茶葉中的水分，使條索緊縮，固定茶葉外形，並使毛茶充分乾燥，利於保持茶葉品質；另外在乾燥過程之溼熱環境作用下形成紅茶特有的色、香、味。

2. 乾燥技術與方法

利用紅茶專用甲種乾燥機經二次乾燥（圖 11-8、圖 11-9），第一次乾燥溫度約爲 95 ～ 105 ℃、鋪菁厚度約 1 公分，第二次乾燥約爲 90 ～ 95 ℃、鋪菁厚度約 1 ～ 2 公分，每次乾燥時間約爲 30 分鐘；若使用一般部分發酵茶用之甲種乾燥機，則需經 2 ～ 3 次乾燥，第一次乾燥溫度約爲 110 ～ 120 ℃、鋪菁厚度約 0.5 ～ 1 公分，第二次乾燥約爲 100 ～ 110 ℃、鋪菁厚度約 1 ～ 2 公分，第三次乾燥約爲 90 ～ 100 ℃、鋪菁厚度約 2 公分（茶葉乾燥度若未低於 3 ～ 5 %），每次乾燥時間約爲 30 分鐘；經過乾燥之粗製茶含水量以降至 3 ～ 5 %爲宜。在乾燥過程中需特別注意，必須整批次茶菁完成乾燥，所有茶菁皆經由輸送帶送出乾燥機後，方可進行第二或第三次乾燥。

圖 11-8 甲種乾燥機（外觀）。

圖 11-9 甲種乾燥機（內部）。

（六）臺灣小葉種紅茶特有加工特色

臺灣小葉種紅茶特有的高香型風味特色，除了因小綠葉蟬刺吸而產生夢幻的天然「蜜香」之外，其具備特殊品種香的茶樹品種亦提供重要的貢獻。此外，臺灣在部分發酵茶製造工藝上獨步全球，因此，在小葉種紅茶加工時，主要以傳統紅茶製造工序爲基礎，產製小葉種紅茶，例如：新北市三峽茶區、苗栗市八甲茶區的蜜香紅茶；同時亦會在製程中精妙地融入部分發酵茶製造工序中之日光萎凋、攪拌、炒菁、團揉等技術，例如：花蓮縣瑞穗茶區蜜香紅茶即融入炒菁及少部分團揉工序；宜蘭縣冬山茶區的素馨紅茶則於茶菁萎凋過程中加入攪拌工序；其他如嘉義茶區及南投茶區則有茶農將傳統條形紅茶加入團揉製程，產製有別於傳統條形紅茶之球形小葉種紅茶。

由於部分發酵茶製造工序的導入，使得臺灣小葉種紅茶的風味在茶樹品種香、蜜香的基礎上，再融入了攪拌製程所產生的甜香與花香。雖然在導入各種部分發酵茶製程的過程中，可以再次強化臺灣高香型小葉種紅茶的特色，但是需特別注意各種部分發酵茶工序導入紅茶製程時之時機、操作方法與技巧，例如：何時攪拌、攪拌次數、攪拌力道？何時炒菁、炒菁溫度、炒菁時間？團揉時茶葉含水量、團揉次數？如果未能精準掌握每個製程的操作，紅茶則會產生悶酸、雜濁、青味、滋味淡薄等風味上的缺點。

因此，在已具備良好的傳統紅茶製造技術的基礎下，再以循序漸進的方式導入攪拌、炒菁、團揉等工序，方能產製出臺灣特有之優質高香型小葉種紅茶。

（七）國際主要紅茶製程

一般國際上紅茶製成主要可分爲條形（傳統）紅茶製程及碎形紅茶製程，兩種製程皆可用於產製精品紅茶與商用紅茶。其中碎形紅茶製程可組合成連續式自動化生產線，節省加工人力、縮短加工時間，加上其產製之紅茶滋味濃強，適合作爲商用紅茶原料，遂成爲製造商用紅茶原料的主流製法。碎形紅茶製程又可分爲二種組合，一爲由三組CTC揉捻機機組所構成；另一種則爲前方一組螺旋式壓搾機機組（圖11-10、圖11-11），後方二組CTC揉捻機機組所構成，商用紅茶相關製程如圖11-12，兩臺機械介紹如下：

1. CTC（Crushing, Tearing & Curling）揉切機

機器主要由二個具有菱齒之金屬滾筒所組成，兩滾筒反向朝內旋轉，轉速不同，高速轉數爲720轉／分，低轉速爲66轉／分。茶葉經二個不同轉速滾筒之壓搾、撕裂、捲曲，形成顆粒狀碎形茶（直徑約爲1公釐）。

2. 螺旋式壓搾機（Rotorvane）

壓搾機類似大型絞肉機，係藉圓筒內螺旋軸之旋轉，達到擠壓、緊揉、絞切作用，萎凋葉經壓送至進口之切刀，細切成寬0.4～0.8公釐。本機作業效率高，碎形茶比例大爲其優點。

圖11-10　螺旋式壓搾機。

圖11-11　螺旋式壓搾機進菁口。

1. 條形（傳統）紅茶製程（Orthodox）

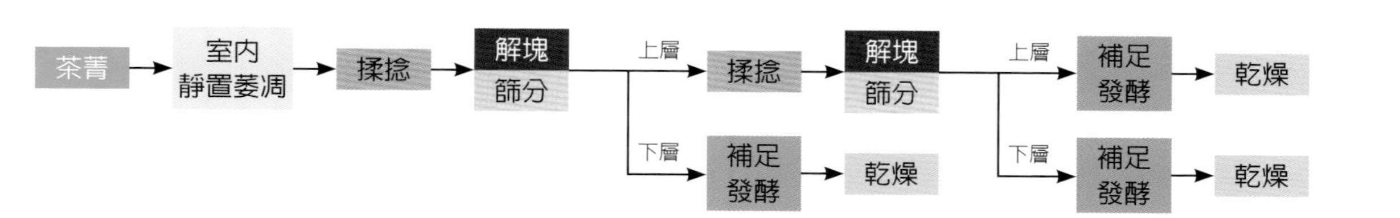

2. 碎形紅茶—CTC 製程

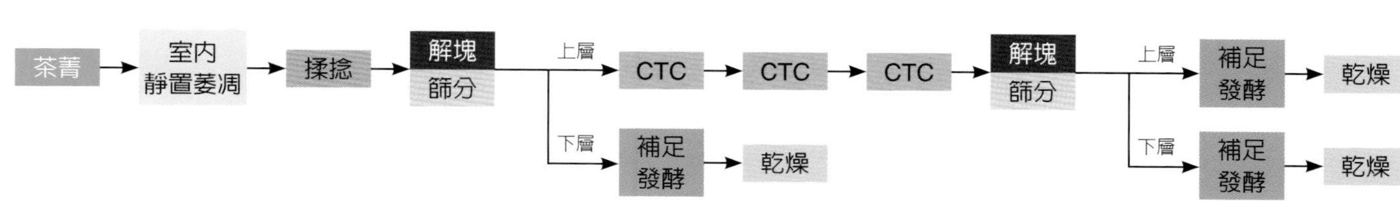

3. 碎形紅茶—螺旋式壓榨機（Rotorvane）製程

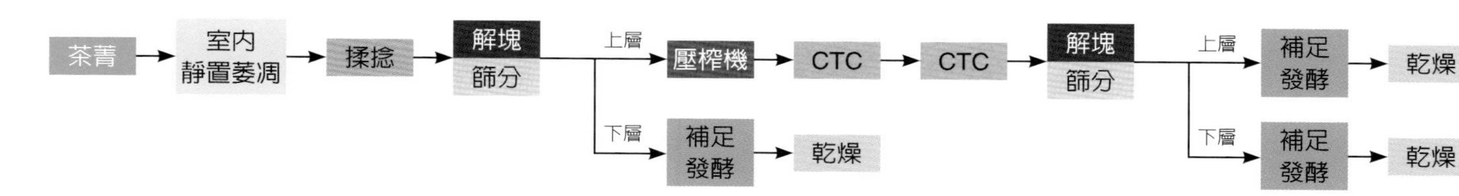

圖 11-12 國際主要紅茶製程。

（八）紅茶精製篩分後之不同等級茶葉特徵

1. 葉茶類：外形規格較大，包括部分細長筋梗，可通過 2 ～ 4 mm 抖篩，長 10 ～ 14 mm。
   (1)FOP（Flowery Orange Pekoe）：由細嫩芽葉組成，條索緊卷勻齊，色澤烏潤，金黃毫尖多，長 8 ～ 13 mm，不含碎茶、末茶或粗大的葉子。
   (2)OP（Orange Pekoe）：不含毫尖，條索緊卷，色澤尚烏潤。
2. 碎茶類：外形較葉茶細小，呈顆粒狀和長粒狀，長 2.5 ～ 3.0 mm，湯豔味濃，易於沖泡，是紅碎茶中大宗產品。
   (1)FBOP（Flowery Broken Orange Pekoe）：是紅碎茶中品質最好的。由嫩尖所組成，多屬第一次揉捻後解塊篩分的茶。呈細長顆粒，含大量毫尖。形狀整齊，色澤烏潤，香高味濃。
   (2)BOP（Broken Orange Pekoe）：大部分由嫩芽組成，包括 8 目下～ 16 目上的碎粒茶，長度 3 mm 以下，色澤烏潤，香味濃郁，湯色紅亮，是紅碎茶中經濟效益較高的產品。
   (3)BP（Broken Pekoe）：形狀與 BOP 相同，色澤稍遜，不含毫尖，香味較前者差，但粗細均勻，不含片、末茶。
   (4)BOPF（Broken Orange Pekoe Fanning）：是一種小型碎茶，係從較嫩葉中取出，外形色澤烏潤，湯色紅亮，滋味濃強，由於體型較小，茶汁易泡出，是袋茶的好原料。
3. 片茶類（Fanning）：指從 12 ～ 14 目碎茶中風選出質地較輕的片形茶。
4. 末茶類（Dust）：外形呈砂粒狀，34 目底（篩下）～ 40 目面茶，色澤烏潤，緊細重實，湯色較深，滋味濃強。傳統方法生產的末茶僅占 3 ～ 5 %，但用 CTC 或螺旋式壓搾機法生產的，含量可達 20 %以上。由於其體型小，沖泡容易，亦是袋茶的好原料。

四、紅茶品質特色

（一）茶葉所含化合物與紅茶品質之關係

紅茶成茶的色澤，看起來必須有烏潤感（以明亮墨黑帶紫爲佳），並非一般所認定正統的紅色，紅茶之所以命名爲「紅茶」，是指茶湯的水色。在國際上，習慣將紅茶稱之爲「Black Tea」 在字義上完全以外形烏黑色澤作爲依據，與「紅」的意涵並無相關。

紅茶茶湯水色要求紅豔明亮，這種紅色來自新鮮茶菁中的茶多元酚類。新鮮茶菁中的茶多元酚類經過氧化過程，會轉化成紅茶的特徵色素（茶黃質類、茶紅質類與茶褐質類）。製造過程中，發酵技術掌握恰當，這三種主要紅色成分比例協調，紅茶水色就呈現可以紅豔明亮的結果。其中，茶湯黃色及亮度主要由於茶黃質類所影響，茶紅質類則會降低茶湯水色之亮度；茶湯紅褐色主要由茶紅質類所致，茶紅質類含量多者易使茶湯呈現暗紅色。此外，在葉底的呈現上，優質紅茶的葉底鮮活柔軟呈紅銅色，而色暗粗硬者爲劣。

臺灣紅茶除早期傳統具有麥芽香的阿薩姆紅茶外，尚有其他新育成之大葉種紅茶、小葉種紅茶及蜜香紅茶等多種不同類別之風味型態，其皆具有各自的特色，例如花香、果香、甜香、青香等。其中果香爲不同類別紅茶之共通香氣特性，例如柑橘、鳳梨、水蜜桃、百香果、龍眼乾等，皆是常見的果香類型。此外，除了上述特色之外，臺茶 18 號（紅玉）則更具有淡淡的天然薄荷味和肉桂香，爲臺灣特有之紅茶香氣。

以下爲紅茶品質特色之描述：

1. 外觀

形狀以條索精細緊結勻整，觸感重實有光澤，多白毫，以黃金色白毫最優。色澤則以帶紫黑色至紫紅色，近紫色光澤爲佳（墨黑泛紫光）（圖 11-13 ～圖 11-15）。

2. 水色

鮮明豔紅、澄清明亮，茶湯沿杯緣有明亮黃金色者最優（圖 11-16 ～圖 11-18）。

3. 香氣

清高而長，具有花香、果香者爲最優；麥芽香次之，青臭、土味、火焦氣、悶雜爲劣。

4. 滋味

味濃不澀，純而不淡，回甘甜爽者爲最優；悶、苦、澀、酸、淡、雜爲劣。

5. 葉底

鮮活柔軟呈紅銅色爲優，色暗粗硬者爲劣（圖 11-19 ～圖 11-21）。

圖 11-13　臺灣紅茶外觀（大葉種）。

圖 11-14　臺灣紅茶外觀（小葉種）。

圖 11-15　臺灣紅茶外觀（蜜香紅茶）。

圖 11-16　臺灣紅茶茶湯水色（大葉種）。

圖 11-17　臺灣紅茶茶湯水色（小葉種）。

圖 11-18　臺灣紅茶茶湯水色（蜜香紅茶）。

圖 11-19　臺灣紅茶葉底（大葉種）。

圖 11-20　臺灣紅茶葉底（小葉種）。

圖 11-21　臺灣紅茶葉底（蜜香紅茶）。

（二）主要紅茶生產國家及茶葉特色

1. 臺灣

大葉種紅茶主要產製於南投縣日月潭，生產近似阿薩姆紅茶滋味及香氣之紅茶，另有生產帶有肉桂香與淡淡薄荷味之臺茶 18 號紅茶，稱之爲「紅玉」；臺灣大葉種紅茶滋味韻甘醇濃，無東南亞及肯亞茶區所產紅茶之強烈收斂性。

小葉種紅茶主要產製於全臺小葉種茶區，由於其多爲高香型茶樹品種，因此其所製成之高香型紅茶，具有濃郁花果香，滋味甘潤、甜醇，有別於大葉種紅茶。

2. 印度

以阿薩姆（Assam）、大吉嶺（Darjeeling）、尼爾吉里（Nilgiri）三大茶區最爲著名。阿薩姆紅茶水色暗紅，香氣醇濃，富麥芽香，滋味強烈有力；大吉嶺紅茶茶芽細嫩金黃，水色金黃明亮，具天然之熟果香，滋味近似白毫烏龍茶，有「香檳紅茶」之稱。

3. 斯里蘭卡

亦即昔稱之錫蘭，所產紅茶以烏巴（Uva）、丁普拉（Dimbula）、肯迪（Kandy）茶區最爲著名。錫蘭紅茶水色琥珀明亮，香氣濃郁如花果香，滋味強，富活性，適合搭配牛奶飲用。

4. 肯亞

非洲最大紅茶生產國，近年來產量有明顯增加之趨勢，茶湯強濃具果香，適合添加牛奶飲用。

5. 土耳其

位於中亞，紅茶以內銷爲主，茶湯滋味溫和而帶甜味。

6. 中國

中國著名的紅茶有安徽祁門紅茶，雲南的滇紅以及福建的正山小種。祁門紅茶具有濃郁的蘭花香，水色豔紅，滋味醇甜；滇紅具金黃白毫，滋味鮮爽飽滿，香氣醇和如麥芽香；正山小種又稱拉普山小種，特殊的松香味是其最大特色。

7. **緬甸、印尼、越南**

這三個國家所產之紅茶品質遠低於中國、印度、斯里蘭卡，爲低價值之紅茶產區。

8. **馬拉威**

非洲第二紅茶生產國，其紅茶茶湯香氣與滋味近似錫蘭紅茶，適合添加牛奶飲用。

9. **喀麥隆、烏干達、坦尚尼亞、辛巴威等國家**

這些國家所生產之紅茶茶湯具淡雅麥芽香，但滋味強烈欠圓滑，較爲粗澀，皆適做奶茶原料。

10. **阿根廷、巴西、厄瓜多爾**

茶湯水色鮮豔明亮，滋味強濃，但香氣較爲不足，適合作爲奶茶原料。

11. **巴布亞新幾內亞、澳大利亞**

紅茶茶湯滋味強烈，富含香氣，可調配爲奶茶飲用。

五、結語

世界紅茶消費量雖然未如以往占世界茶葉消費量 80 %以上，有逐年降低之趨勢，但亦已趨於穩定狀態。因其在國際上消費需求量大，加上紅茶製造在製程上相對單純、簡單，可仰賴大比例之機械操作。因此，在商用紅茶之加工，主要採批量連續式大量體生產模式，可有效降低生產人力及時間成本，其所產製之紅茶多適用於加工成中、低品質之商品。在精緻紅茶生產時，則可在機械加工過程中，針對萎凋、揉捻、發酵等製程中之溫度、溼度、壓力及時間等因子進行更精細之調控，以提升茶葉之品質及增加其價值。雖然紅茶加工製程不需如部分發酵茶類需仰賴大量人工操作，但是製程相對簡單，代表在各製程中進行製程調整之機會較少，所生產之茶葉要維持在高品質時，就有其難度。因此，在生產例如臺灣紅茶、大吉嶺紅茶、祁門紅茶、正山小種等精緻高香型紅茶時，需要投入專注力與對各製程影響因子之掌控能力，方能生產出高品質之紅茶產品。

六、參考文獻

1. 行政院農業委員會茶業改良場。2002。紅茶製造。茶業技術推廣手冊—製茶技術。pp. 22-31。行政院農業委員會茶業改良場。
2. 阮逸明。1981。紅茶製造過程 Theaflavins 及 Thearubigins 含量變化及其與品質之關係研究。臺灣省茶業改良場 69 年年報。pp. 49-50。臺灣省茶業改良場。
3. 蔡永生。1983a。茶湯主要有色成分茶黃質與茶紅質對水色之個別影響。臺灣省茶業改良場 71 年年報。pp. 49-53。臺灣省茶業改良場。
4. 蔡永生。1983b。不同發酵時間之處理對茶湯水色之影響。臺灣省茶業改良場 71 年年報。pp. 53-55。臺灣省茶業改良場。
5. Bendall, D. S. 1959. Biochemistry of tea fermentation. Annu. Rep. Tea Research Station. Nyasaland.
6. Deb, S. B. and Ullah, M. R. 1968. The role of theaflavins (TF) and thearubigins (TR) in the evaluation of black tea. Two and a Bud 15: 101-102.
7. Ellis, R. T. and Cloughley. J. B. 1981. The importance of theaflavins in tea liquors. Int. Tea J. 2: 7-8.
8. International Tea Committee. 2021. Annual Bulletin of Statistics.
9. Moppet, H. J. 1922. The Manufacture: Its Theory and Practice in Ceylon. Published by H. W. Cave & Co., Colombo, Ceylon.

12

茶葉精製與烘焙

文、圖／林金池

一、前言

茶葉製造分初製與精製兩個階段，前段爲茶葉製造過程稱初製，如部分發酵茶製造過程茶菁經過日光萎凋、室內萎凋、靜置攪拌發酵、炒菁、揉捻、團揉及乾燥等過程，製成之成品稱爲「初製茶」或稱「毛茶」。初製茶是一種半成品，品質較不純淨，外形粗細、顆粒大小及長短或帶有粗老黃片等規格良莠不齊，滋味易產生澀味或略帶有菁臭味。爲提高茶葉價值，茶葉須經過分級、拔莖篩分、揀剔及補火或烘焙等精製加工與品評分級作業。精製過程可有效改善茶葉形色香味品質，再經包裝可提高商品價值。

二、茶葉精製

臺灣在民國 70 年代（1981）以前大量生產供應外銷需求之綠茶及紅茶爲主，多由工廠以機械加工精製；目前供內銷爲主的高級部分發酵茶，茶農初製完成的茶葉，部分批發由茶行收購後加工精製或茶農自行精製零售。

一般精製茶葉過程可先以人工或先進的拔梗機結合色彩選別機剔除茶葉中粗老茶梗、黃片老葉、茶葉粉末或茶中夾帶之雜草、砂石、金屬器物等夾雜物，再經烘焙修飾及感官品評依茶類特性拼配分級，提高茶葉品質與貯存期限，迎合市場消費者需求，提升茶葉之經濟價值。

目前因農業人工短缺，工資高漲，爲降低生產成本及提高精製效率，自日本或中國引進拔梗機及色彩選別機組，利用茶葉梗、葉、黃片不同顏色的色差，以電子投光、感應，將不同顏色的茶梗或黃片用高速的空氣吹離。配合拔梗機或斷梗迴篩機可以達到精選之目的，其精製流程爲：

初製茶→拔梗機或斷梗迴篩機→色彩選別機→精製茶

初製茶經拔梗機滾筒可將枝梗拔除，或經斷梗迴篩機先將初製茶的梗葉脫離，並將細碎粉末篩出，再進入色彩選別機，進行黃片、茶梗、帶梗茶葉及優良品等品級的選別。茶葉顆粒帶有粗茶梗的則再送至斷梗迴篩機，再次脫梗及精製選別。精製選別量能，視機型大小，亦即投光感應組數而有差別，每小時約為 20 ～ 120 公斤，選別效果則以球形部分發酵茶較佳。

民國 96 年（2017）新北市坪林區農會在政府輔導補助下進行設備更新，引進新型的「電腦色彩選別機」，該機組內裝置 6 顆光學感應鏡頭，可以快速透過辨識系統，將條形包種茶初製茶顏色區分茶葉及茶梗，並進行精選，電腦精選作業比過去傳統機組更加精準快速，可減少粉碎或粉末量，精選率提高一成以上，在春冬產季有效解決農村勞力不足問題。

三、茶葉烘焙

吳（1994）指出茶葉烘焙自唐宋以來均甚為重視，據清代最大的一部茶書《續茶經》，作者陸廷燦為上海嘉定人，曾任崇安知縣（現武夷市）。在茶區為官期間，長年從事茶事，採茶、蒸茶、試湯及候火頗得其道。它蒐集了清代以前所有茶書的資料，之所以稱為「續茶經」，因其按唐代陸羽《茶經》的寫法，兩著作之目錄完全相同，即分為茶之源、茶之具、茶之造及茶之器等十項。因自唐代至清已歷經數百年演變，產茶之地域、製茶方法及茶葉烹煮器具等均發生巨大的變化，且此書對唐代之後的茶事資料蒐集豐富，並進行了考辨，雖名為「續」，其實是一部獨立的著作。陸廷燦也因編定此書而被世人稱為「茶仙」。續茶經內文曾對茶葉烘焙記述「夏至後三日再焙一次，秋分後三日又焙一次，一陽後三日又焙一次，連山中共焙五次，從此直至新色味如一罌中用淺更以燥箬葉滿貯之雖久不浥」，可見早在唐宋時期即有茶葉記述，也了解烘焙可有利於改善茶葉品質及延長保存期限。

（一）茶葉烘焙之目的

茶菁製造成為初製茶，經過篩分、整形及篩除細末等精製程序，即為精製成品。精製茶在包裝與裝箱前須經「再次乾燥」，目的在不改變茶葉原有的香味品質原則下，藉烘焙降低茶葉水分含量，使其低至 3 ～ 5 %，防止茶葉劣變，確保貯放期間的品質。若香氣不足的茶葉或茶類特性需求如凍頂烏龍茶則須加以「烘焙」，提高其香味品質及賦予怡人的烘焙香味。焙茶溫度超過 100 ℃時，茶葉中可溶分、咖啡因、葡萄糖、胺基酸、蔗糖、兒茶素類與多元酚等主要化學成分皆會產生大變化。

其間，更會引發梅納反應或焦糖化現象發生，是茶葉中還原糖與胺基酸等在加熱烘焙後進行梅納反應，產生褐色聚合物與帶有烘焙香味。因烘焙時間長短而定，茶葉原茶香將逐漸由烘焙香所取代。梅納反應易造成茶湯水色變紅帶琥珀色，並產生烘焙之香氣與滋味。另外，糖類如葡萄糖、果糖、蔗糖等，在烘焙溫度高於 130 ℃時可發生焦糖化（caramelization）作用，產生甜、果香、焦糖或堅果等烘焙香味，並造成茶湯轉紅；一般具有花香、清香之高級茶則忌高溫或長時間烘焙。

（二）茶葉烘焙之意義

1. 烘焙爲改善或去除初製茶普遍帶菁臭味和不良雜味最爲有效且經濟簡易實用之方法。茶葉製造過程中，若是日光萎凋、室內靜置攪拌或炒菁不足，均易導致茶葉帶有菁臭味；或是包裝前吸附到不良的氣味，此時可透過適當的烘焙改善不良的味道。
2. 烘焙可改善或去除成茶貯藏後品質劣變之缺點，尤其如陳味、油耗味及貯藏臭和其他異味等。
3. 茶葉除了藉包裝（眞空或充氮等無氧包裝）及低溫冷藏可延長茶葉貯藏壽命之外，烘焙亦可有效去除茶葉中多餘水分，延長貯藏壽命。
4. 爲因應茶葉消費市場對不同口味（烘焙程度）之需求，各種烘焙程度之茶類，可提供消費者更多元化口味之選擇。具烘焙風味之區域性特色茶如凍頂烏龍茶、鐵觀音茶及紅烏龍茶等，都是經過一連串的製造與烘焙工序，形成獨特的火香及韻味，進而受到消費者的喜愛。因此，後續之烘焙加工步驟乃爲必要流程，否則失去該種茶類之特色。

（三）茶葉烘焙過程熱能傳送的三種方式

1. 熱傳導（heat conduction）：會以熱源爲中心，從高溫的物體因分子之間碰撞傳遞振動能到低溫的物體，且呈現輻射狀向周圍擴散直至熱平衡。一般物體以金屬（銀、銅、鐵、鋁）的熱傳導性會優於固體、液體及氣體（分子間距大）。
2. 熱對流（heat convection）：當氣體或液體物質部分受熱時，其體積隨即膨脹、密度減少且逐漸上升，其移出之位置立即由周圍溫度較低且密度較大的物質塡補。當此物質再受熱上升，周圍物質又來補充形成不斷循環，遂將熱量由流動之流體傳播到各處。我們將冷氣機安裝於室內的上部，暖氣機則置於室內地板，主要是利用冷空氣下降，熱空氣上升的熱對流原理。目前廣為使用之箱型焙茶機即以熱空氣作為乾燥介質，熱空氣身兼二職，一是透過熱空氣接觸把熱量傳遞給茶葉，二是把茶葉中蒸發的水分透過氣體流動由排氣口排出多餘的水分。

3. 熱輻射（heat radiation）：能量係以波或次原子粒子移動的形態傳送。不需要液體或氣體等導熱媒介，就能夠傳遞熱能的方式叫輻射，其使用容易，具穿透能力，表面加熱迅速。如太陽的熱能是藉由輻射方式傳到地球，其不須經由任何介質來傳播。當輻射能落到物體上時，可能一部分被反射、吸收或直接穿透物體。一般利用遠紅外線或微波均是利用輻射加熱方式。

茶葉在烘焙加熱過程會同時發生二種現象，一是熱傳，即吸收外來能量，如吸收遠紅外線輻射能以提高茶葉的溫度，並蒸發水分；二是質傳，即茶葉利用吸收的能量促使內部水分轉移到表面，以進行蒸發，過程中並促進茶葉成分發生物理和化學變化。

（四）乾燥過程動力學特徵

茶葉烘焙就是依照茶葉品質特色進行火候控制，唯有依茶葉品質特性循序漸進的執行與控制烘焙溫度與時間，茶葉品質才可有所提升。

以箱型焙茶機（圖 12-1）為例，焙茶機烘焙過程加熱升溫，透過風扇馬達使熱空氣在機體內循環，當熱空氣在茶葉表面穩定流過時，熱空氣係以對流方式將熱能傳給茶葉，烘焙初期茶葉溫度較低，葉表在接觸熱能後會先往茶葉中心部位溫度較低處傳導，平均分散熱力。當持續加熱至中心部位吸足熱能後，葉表傳給中心部位的熱能就會銳減，並逐步達到茶葉內外部位溫度平衡（幾近焙茶機設定溫度）。另茶葉持續接受熱能亦可用來氣化茶葉中的水分，再經由焙茶機之風扇馬達透過氣體循環將茶葉表面形成的薄層水分帶走，並由焙茶機排氣口排出，葉中的水分持續經由毛細管現象傳遞至葉表被帶走排出，葉中水分含量也不斷地下降，當水分下降至平衡點時，乾燥過程結束（潘等，1998）。

（五）茶葉烘焙的主要機具使用及其優缺點

目前臺灣主要以箱型焙茶機來進行茶葉烘焙，其靠熱風對流與傳導來進行茶葉去水、去雜及改善香味品質。利用箱型焙茶機烘焙的優點爲溫度控制精準，效率高，省時省力，可大量烘焙茶葉且品質適中不易失敗等。

早期茶葉利用木炭烘焙，炭焙（圖 12-2）其優點爲具有熱輻射烘焙效果，茶葉易焙透且有炭焙特殊風味；缺點爲需要經驗與專業操作技術，溫度控制不易，極其耗時費力，且有空氣汙染疑慮。炭焙操作極爲繁複，礙於勞力缺乏，目前幾乎已經很少使用。

現有相當多業者利用電焙籠（圖 12-3）焙茶。電焙籠仿似炭焙，未裝置循環風扇，主要靠電熱絲加熱後透過熱對流與傳導進行茶葉烘焙，屬於靜態式。一般業者茶葉烘焙前段可先利用箱型焙茶機去水去雜，後段再以電焙籠處理，其優點爲可提升茶葉沖泡之茶湯濃稠度與醇厚感；但缺點爲電焙籠焙茶量少且溫控較差，需定時翻拌茶葉，耗時費力效率差。

圖 12-1 箱型焙茶機。

圖 12-2　茶葉炭焙處理。

圖 12-3　電焙籠。

（六）茶葉烘焙要領與注意事項

1. 建構可控制溫溼度之焙茶空間

目前臺灣建置可溫溼度控制符合安全衛生之星級製茶廠生產線花費動輒二、三千萬元，希望茶菁在可調控環境進行萎凋、靜置攪拌及發酵，提升茶葉品質。但茶農與業者卻往往忽視茶葉精製烘焙過程亦需進行環境溫溼度調控，常將焙茶設備建置於開放空間，或利用雨天無法耕作空檔進行焙茶，茶葉品質隨之降低，且不知烘焙後茶葉劣變原因出自焙茶空間溼度太高。

所謂「工欲善其事，必先利其器」，建構焙茶秘密基地有其必要性。焙茶室牆面及地面選擇以可透氣材質爲佳。焙茶室可裝置空調或除溼機等設備控制環境溫溼度，若設置冷氣機其出風口不可直接吹至焙茶機臺（組）。焙茶室並設置溫溼度計監控環境溫溼度變化，當空調設備啟動後俟焙茶室相對溼度需降至 60 %以下（圖 12-4）才進行烘焙。另爲每部焙茶機裝設獨立排氣管或煙囪；若是炭焙室，利用熱氣上升原理，在屋頂需設置排氣窗，排除有害氣體，避免一氧化碳濃度超標在內操作危及身體健康。

圖 12-4　焙茶室相對溼度控制在 60%以下再進行焙茶。

2.　烘焙前沖泡鑑定茶葉品質重要性

爲能精準依茶葉品質特性進行烘焙溫度與時間設定，在茶葉烘焙前先以鑑定杯依標準沖泡流程評鑑其形色香味，並檢視葉底審查茶菁老嫩、厚薄與茶葉發酵度輕重等條件，再依茶葉發酵程度來設定適合烘焙爲清香型或焙香型茶類。所謂「看茶製茶，看茶焙茶」，一般輕發酵清香型的茶葉不宜採高於 100 ℃以上且長時間烘焙，主要是修飾去除不良菁味或雜味爲主，儘量控制在 80 ～ 100 ℃之間烘焙，避免香氣散失。攪拌足與發酵度佳具有發酵花香或果香的茶葉，適合烘焙成焙香型茶葉如凍頂烏龍茶或鐵觀音茶。此類型茶葉啟始烘焙溫度可設定 100 ℃，每一溫度梯度焙清後再行升溫，最終茶葉應焙成怎樣的程度（火候），則取決於消費者購買意向，如消費者偏好具烘焙風味與甘醇喉韻佳之凍頂烏龍茶，一般約需分 2 ～ 3 階段經高溫（100 ～ 125 ℃）長時間（約 30 小時）烘焙。烘焙過程每次升溫時機取決茶葉是否焙清（出風口聞之已無刺激雜味），因茶葉在焙茶機體內，看不著摸不到，最直接有效方法是定時取樣沖泡評鑑，若水色清澈明亮，香氣清新無刺激感，無明顯苦澀味即可調升溫度。每次烘焙時，取樣沖泡評鑑過程可保留部分茶湯前後進行比對及記錄，可清楚了解茶葉焙茶過程品質變化趨勢，有利於精進焙茶技藝。

3. 茶葉烘焙方法

採茶製茶費時費力，後段精製烘焙更是關鍵，但兩者有異曲同工之妙，其異同點如表 12-1。

▼ 表 12-1 部分發酵茶製茶與茶葉烘焙過程異同點之比較

部分發酵茶製茶過程	茶葉烘焙過程
茶菁含水量高約 75 ～ 80 %	含水量低約 3 ～ 5 %
看得到、摸得到、聞得到	聞得到
萎凋前期薄攤，促進走水，並逐次加厚	焙茶前期可薄攤加速去水去雜，逐次加厚
香味清甜後攪拌或炒菁	香味清且茶湯清澈透亮後調升溫度
透過攪拌控制發酵香味	透過熱能傳遞改變香味

備註：本表與鹿谷鄉劉揮評先生共同討論製作。

茶葉烘焙為兼具破壞性與建設性的加工流程，操作稍不當，茶葉品質可能隨之降低。

箱型焙茶機茶葉烘焙操作要領：

(1)茶葉評鑑確立品質後設定烘焙條件。

(2)茶葉烘焙前，焙茶室先開啟空調或除溼設備，降低焙茶空間相對溼度至 60 %以下，保持空氣清新。

(3)先將焙茶機之機體內茶盤與機架拉出，焙茶機先行清潔及預熱，去除機體內之水分與不良氣味。

(4)依焙茶盤大小秤取定量茶葉，均勻鋪設於盤內（圖 12-5）。烘焙前段茶葉可攤薄利於茶葉達成去除多餘水分與雜味目的，再逐次加厚。若焙茶機內之茶盤未完全使用，可抽除上下兩層，增加空間與機體內氣流之對流循環。

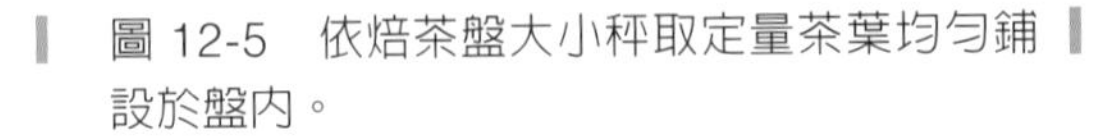

圖 12-5　依焙茶盤大小秤取定量茶葉均勻鋪設於盤內。

圖 12-6　焙茶機達到設定烘焙溫度將茶葉盤架移至機體內進行烘焙。

⑸焙茶機達到設定烘焙溫度，再將整車茶葉盤架移至機體內進行烘焙（圖 12-6），並密切觀察茶葉品質變化，每 2 ～ 4 小時取樣沖泡，當茶湯水色清澈明亮，香氣清新滋味苦澀味降低就可升溫，一般一段溫度梯度約升 5 ℃左右。若要加速升溫及去除水分，可將進出風口先行關閉進行 100 ℃悶焙。常溫下的茶葉進入高溫機體內透過熱對流或傳導，快速吸收機體內熱能，此時可看到機體溫度下降再至回溫點後爬升至設定烘焙溫度。此階段所有的熱能大都被茶葉吸收，到達溫度平衡點後茶葉中水分漸漸轉爲水蒸氣排出在機體內循環，此時機體內充滿水蒸氣，有利於茶葉透過毛細現象去除茶葉中多餘水分與帶出雜味，高溫蒸氣亦有去除菁味的效果。當茶葉爬升至 100 ℃起悶焙 5 ～ 15 分鐘即可開啟機體之進、出風口，促進水分與雜味之蒸散。邱等（2000）研究顯示以 100 ℃熱風溫度去除陳味重的茶葉效果最好，利用較大風速進行焙茶處理去水去雜的效果比低風速佳。

⑹茶葉以箱型焙茶機在 80 ℃下經 2 小時烘焙或 8 ～ 10 小時的烘焙後，其化學成分變化甚微，茶葉香味品質亦無多大變化，而在 100 ℃經 4 ～ 6 小時的烘焙或 120 ℃經 2 ～ 4 小時的烘焙，其胺基酸及還原糖含量已明顯下降，茶葉則帶有宜人的炒米香及焦糖香，確可使中下級茶的香味品質獲得改善（阮等，1989）。茶葉本身的香氣與滋味，是茶葉所含成分在製造過程中經由複雜的化學反應，而發出幽雅的花香與產生甘滑醇厚的滋味。這些與品質有高度相關的香氣與滋味，必須和良好的品種、氣候土質、肥培管理及製茶設備

技術等因素相互配合下始能獲得。因此，產製優質茶葉，必須由茶菁原料及製茶技術著手，有優良的茶菁以及高超的製茶技術，才能製造出上等好茶，絕對不是僅靠烘焙而已。

(7)茶改場研究利用遠紅外線焙茶機（包含焙籠及箱型焙茶機）進行茶葉烘焙，茶葉可吸收遠紅外線波段爲 3.42 ～ 9.52 μ。遠紅外線加熱原理爲茶葉經遠紅外線照射後，茶葉內部含可吸收相同頻率遠紅外線波長的分子（如高分子物質或水等），並產生分子振動而處於激態，當分子由激態恢復成基態時，分子吸收之能量遂以熱的形態放出來，因此，產生茶葉加熱現象（徐等，1998）。試驗結果顯示，利用遠紅外線烘焙可降低茶葉總多元酚類含量，減少苦澀味，也使茶葉之總游離胺基酸及還原糖含量提高，增強茶湯中甘甜滋味。遠紅外線焙茶機其熱效率高，烘焙時可適度縮短焙茶時間，改善茶葉香味品質（林等，2002）。此外，亦開發無火炭焙機，利用加溫設計，使未點燃之木炭加溫受熱後放出輻射熱，取代目前燃燒木炭烘焙的技術，可增加茶葉烘焙後的甘甜度及香氣的純淨度，同時可控制溫度及不產生炭煙汙染問題（羅等，2015）。

4. 炭焙茶葉方法

(1)傳統炭焙係在焙茶室內掘約二尺深之圓形焙窟，投入約 60 公斤木炭。炭焙常用之木炭一般以龍眼木炭及相思木炭爲主，其中龍眼木炭由於質地較粗鬆，較相思木炭易燃且燃燒效果佳。感官品評研究結果顯示，龍眼木炭烘焙後茶葉香氣滋味之品質評分較高，滋味更爲甘醇，與一般炭焙業者推崇龍眼木炭炭焙茶葉效果優於相思木炭之評論相符，可能因龍眼木炭之炭火較爲柔和持久又均勻且無煙焦味，而相思木炭之炭火較猛烈且有油脂易帶煙焦味，但相思木炭因量多較便宜，龍眼木炭則價格稍微昂貴（徐等，1998）。

(2)裝炭前將炭打成大小均勻，點火燃燒至炭堆表面出現一層白灰，再將炭壓實後覆炭，使焙茶期間火溫穩定持久，此俗稱爲「陽火法」。若炭塊尚未燃燒透即進行「覆灰」，會造成炭焙過程溫度不穩定且容易熄火或冒煙，待「覆灰」完成後，觀察溫度恆定且無炭煙升起，方可開始進行「烘焙茶葉」。另覆蓋新灰或稻殼灰時，應覆蓋一段時間，使炭頭、稻殼等夾雜物完全燃燒成灰，避免在烘焙茶葉期間再度燃燒，產生煙味和其他異味，影響茶葉品質。

另有將焙窟填滿木炭，在最上層中央位置點燃火種，木炭由上而下至最底層完全燃燒後，覆灰烘焙，此俗稱爲「陰火法」。

(3)一般以覆蓋炭灰厚薄來調控溫度，對溫度較高的焙爐，炭灰要覆蓋厚些，溫度較低的爐，炭灰應適度減量覆蓋薄一些，以適度保持火溫。

(4)炭燃燒一段時間後體積縮小，爲減緩燃燒速度需進行修爐，可先將爐灰修向爐心，爐腳壓實後再將爐灰修勻。修爐過程易使炭灰飛揚，必須待爐灰完全沉靜後，才可將焙籠置於爐上繼續焙茶，避免茶葉吸附炭灰。

(5)炭焙最關鍵是掌握好第一次翻茶時間。在焙含水量較高毛茶時，如果太慢翻拌，易產生水悶味。但茶中水分滲透到表面需要一段時間，若翻得太快，也易使原來的表層茶葉產生悶味。一般掌握至表層茶葉香氣完全焙清時進行第一次翻茶，此時茶葉慢慢散發出香味。在焙茶過程中焙茶師需進行翻拌茶葉及整理炭火，不時進入炭焙間關注焙茶狀況，因炭焙間近乎密閉，與戶外溫度差距極大，使焙茶師進進出出感受如同三溫暖般，極爲耗費心力。

(6)一般起火前段炭之火力旺盛，若燃燒不完全易有煙燻味，可先焙中次級茶葉，中後段之火力穩定，再進行高品質茶葉烘焙。

(7)炭焙每一焙籠約裝入 2 ～ 3 公斤茶葉，講究「文火長焙」，焙茶時除應隨時注意爐溫變化外，還需要掌握翻茶的時間，翻拌茶葉可使烘焙均勻，一般至少每隔 1 ～ 2 小時即需翻拌一次，烘焙溫度愈高，需增加翻拌茶葉頻率。且茶葉量愈多，翻茶次數也應增加。茶改場曾以南投縣名間茶區之機採茶爲原料進行炭焙試驗，烘焙溫度處理爲 80 、 100 、 120 、 140 及 160 ℃，烘焙時間處理分別爲 2 、 4 、 6 、 8 及 10 小時，溫度控制正負 5 ℃。翻茶時間若以 80 ℃處理每 2 小時須翻拌一次，但隨溫度提高翻拌次數漸趨頻繁，依次分別爲 60 、 30 、 15 、 5 ～ 10 分鐘。研究結果顯示，若以 140 ℃炭焙 4 小時以上各處理，不僅翻拌費工，且茶葉均呈炭化現象。感官品評結果以 80 ℃炭焙 6 ～ 10 小時及 100 ℃炭焙 2 ～ 8 小時茶葉品質較佳（徐等，1998；徐等，2001）。

四、結語

茶葉烘焙爲製造加工之精製過程，除可確保含水量低於 5 %以下，使茶葉化學成分更爲穩定，以避免貯藏時之品質劣變。此外，亦可去除毛茶之菁味或其他雜味之缺點，提升茶葉品質，而長時間烘焙更可產生特殊烘焙好風味。但茶葉烘焙基本上應取決於二大方向：

（一）看茶製茶，看茶焙茶

茶葉烘焙爲一兼具破壞性與建設性的加工流程，稍有操作不當，效果可能適得其反。因此，一般高品質清香型茶葉不宜採 100 ℃以上高溫長時間（＞ 4 ～ 6 小時）烘焙，應採取低溫、短時間烘焙，以保留原茶香爲原則，即以去除多餘水分及不良菁味或雜味爲主。反之，中次級茶除了可藉烘焙去除不良風味外，同時可藉烘焙產生怡人的香味，增進中次級茶之品質。因此，中次級茶之烘焙，可採 100 ～ 120 ℃高溫和較長時間之烘焙處理，改善茶葉香味品質。

（二）依消費市場導向，決定烘焙程度

茶葉最終應焙成怎樣的程度（火候），應取決於消費市場之嗜好趨向，如有些消費者嗜好高烘焙風味與喉韻之成茶，則可採較高溫度與較長時間烘焙；反之，對嗜好低烘焙風味者，不宜採高溫長時間烘焙。一般球型烏龍茶最適之臨界烘焙溫度介於 80 ～ 125 ℃間，低於 80 ℃焙茶，耗費時間且不經濟；反之高於 130 ℃，烘焙失敗之危險性顯著增高；若超出 150 ℃，茶葉極易炭化焦化，而帶有強烈的火味，水色呈暗紅色，滋味淡薄且微酸，喪失茶的本味。至於烘焙時間之判斷，則依成茶需要烘焙至怎樣的火候及茶葉品質轉化程度而定。

五、參考文獻

1. 甘子能。1984。茶葉化學入門。臺灣省茶業改良場林口分場。
2. 阮逸明、張如華、張連發。1989。不同烘焙溫度與時間對包種茶化學成分與品質的影響。臺灣茶業研究彙報 8: 71-82。
3. 吳振鐸。1994。臺灣半發酵茶再火的探討。食品工業 26(7): 36-38。
4. 行政院農業委員會茶業改良場。2001。茶的精製與烘焙。製茶技術。pp. 32-35。行政院農業委員會茶業改良場。
5. 林金池、陳國任、張連發、蔡永生。2002。遠紅外線焙茶機之研發與改良。臺灣茶業研究彙報 21: 107-118。
6. 邱瑞騰、吳文魁、黃正宗。2000。烘焙溫度與熱風風速對半球型包種茶品質之影響。臺灣茶業研究彙報 19: 37-50。
7. 徐英祥、蔡永生、張如華、郭寬福、林金池。1998。包種茶炭焙技術之研究—（I）烘焙方法與時間對半球型包種茶品質及貯藏性之影響。臺灣茶業研究彙報 17: 39-60。
8. 徐英祥、蔡永生、張如華、郭寬福、林金池。2001。包種茶炭焙技術之研究—（II）炭焙溫度與時間對包種茶品質及化學成分之影響。臺灣茶業研究彙報 20: 71-86。
9. 潘永康、王喜忠。1998。現代乾燥技術。化學工業出版社。
10. 羅士凱、巫嘉昌、陳俊良、胡智益、蕭建興。2015。利用無火炭焙機取代傳統炭焙茶葉技術。農政與農情 282: 94-95。

附錄

中華民國國家標準——茶葉（CNS179:2021）

依據經濟部標準檢驗局於 110 年 12 月 7 日最新修訂公布之中華民國國家標準—茶葉（CNS179:2021）規範，茶葉係依其發酵過程之不同予以分類，茶葉分類及代表性茶類如下：

備考：

茶葉種類繁多，以下分類僅爲學理上之區分，若有實際茶葉產品分類疑義，仍應以專業機構（例：行政院農業委員會茶業改良場）鑑定結果爲準。

（一）不發酵茶類（綠茶）（non-fermented tea (green tea)）

指未發酵的茶葉。即選擇適製茶菁原料，進廠後隨即「殺菁」，並促進茶葉特有之色香味發生，再經「揉捻」、「乾燥」等過程而成者屬之。

（二）部分發酵茶類（包種茶、烏龍茶）（partially fermented tea (paochong tea, oolong tea)）

指部分發酵的茶葉。即選擇適製茶菁原料，進廠後進行適度萎凋及攪拌等「發酵」製程，使茶葉中主要成分「兒茶素類（catechins）」適量減少者，各類「包種茶」、「烏龍茶」屬之。臺灣具特色之部分發酵茶類，相關資料參考附錄 A。

三、全發酵茶類（紅茶）（fully fermented tea (black tea)）

指全發酵的茶葉。即選擇適製紅茶的茶菁原料，進廠後先行「萎凋」或「切菁」，再經「揉捻」或「捲切」、「發酵」以促進茶葉特有之色香味發生，最後「乾燥」茶葉中主要成分「兒茶素類」量減少者屬之。

（四）後發酵茶類（普洱茶或黑茶）（post-fermented tea (pu-erh tea, dark tea)）

以綠茶爲原料經微生物、酵素、溼熱或氧化等後發酵作用之茶葉。可分爲緊壓生茶、緊壓熟茶及散狀熟茶三類，相關分類說明參考附錄 B。

備考：

普洱茶的名稱在不同時期、不同地區具有不同意涵，廣義的普洱茶爲所有後發酵茶之泛稱；唯近年來產地國將地理標章與茶葉名稱結合，僅限於特定產區所出產之後發酵茶方得使用普洱茶之名稱，爲狹義之普洱茶，其他地區出產之後發酵茶則稱黑茶。

（五）其他茶類

1. 混合茶（blended tea）

選擇 2 種以上符合本標準之各類茶混合者屬之。

2. 薰芬茶（scented tea）

選擇符合本標準之各類茶，經過薰製法，使茶葉吸收食用花卉或食用香料之香味而成者屬之。

3. 加料茶（flavored tea）

選擇符合本標準之各類茶，經添加天然食用農產品（如水果、香草類等）或食用調味料而成者屬之。

4. 其他茶

上述未規範之茶葉屬之。

備註：有意閱覽國家標準全文者，可至國家標準（CNS）網路服務系統（https://www.cnsonline.com.tw/?node=search&locale=zh_TW），於標準總號 CNS 欄位輸入「179」，或於標準名稱欄位輸入「茶葉」搜尋，即可免費預覽國家標準內容，如有需要下載檔案，亦可直接於該網頁購買。

附錄 A

臺灣具特色之部分發酵茶類

屬部分發酵茶類之臺灣特色茶，以加工後即具有天然花香或果香（不需要添加香花或薰芬）而聞名，列舉主要茶葉類別如下（包括但不限於以下列舉者）。

備考 1. 以下茶葉類別係依據茶葉成品之形狀及加工製程加以區別。

備考 2. 過去包種茶泛指輕發酵茶類，烏龍茶泛指重發酵茶類，唯茶類名稱因經長期演變（加工製程改變或消費市場慣稱），該原則已非絕對適用。對於實際產品之分類若有疑義時，應依據其實際製程判定或送請專業機構鑑定。

A.1　條形包種茶（stripe-shaped paochong tea）

茶菁原料於日光（或熱風）萎凋後、經數次室內靜置萎凋與攪拌，使茶葉自然轉化出花香、果香、甜香，再進行炒菁、揉捻及乾燥等製程，使茶葉成為條形。

A.2　球形烏龍茶（ball-shaped oolong tea）

球形烏龍茶可區分為清香型球形烏龍茶及焙香型球形烏龍茶。

備考：

現稱之球形烏龍茶過去學術上歸類為半球形包種茶，唯目前因加工機具改良，茶葉成品趨近球形，另因消費市場已習稱其為烏龍茶，故現歸類為球形烏龍茶。

A.2.1 清香型球形烏龍茶（fragrant ball-shaped oolong tea）

茶菁原料於日光（或熱風）萎凋後、經數次室內靜置萎凋與輕攪拌，使茶葉自然轉化出花香、甜香、果香，再進行炒菁、初揉、初乾、熱團揉及乾燥等製程，使茶葉成為半球形或球形。

A.2.2 焙香型球形烏龍茶（roasted ball-shaped oolong tea）

茶菁原料於日光（或熱風）萎凋後、經數次室內靜置萎凋與攪拌，使茶葉自然轉化出果香、甜香或花香，再進行炒菁、初揉、初乾、熱團揉及乾燥，使茶葉外觀成為半球形或球形後，再經烘焙製程，使茶葉帶有烘焙香。

A.3　白毫烏龍茶（東方美人茶）（white-tip oolong tea (oriental beauty tea)）

茶菁原料需有一定比例受小綠葉蟬刺吸（叮咬），於長時間日光萎凋後、經數次室內靜置萎凋與攪拌，再進行炒菁、靜置回潤（炒後悶）、揉捻及乾燥等製程，使茶葉自然轉化出蜂蜜及熟果香味。

附錄 B

後發酵茶類

後發酵茶依其製程不同，區分類別如下。

B.1 緊壓生茶（compressed naturally aged dark tea）

曬菁綠茶精製後蒸壓成形，再經乾燥、包裝，未經渥堆[1]，於後續儲藏陳化期間進行後發酵。

註(1)：渥堆係指透過溼熱作用，轉化茶葉內含物質，加速茶葉後發酵作用。

B.2 緊壓熟茶（compressed pile-fermented tea）

散狀熟茶再經蒸壓成形、乾燥、包裝；另一種製程爲曬菁綠茶精製後，經過蒸壓成形、乾燥、後發酵之後包裝，需經儲藏陳化。

B.3 散狀熟茶（loose pile-fermented tea）

曬菁綠茶經長期儲藏陳化或渥堆後發酵再經乾燥、精製及包裝。

國家圖書館出版品預行編目(CIP)資料

臺灣製茶學 / 農業部茶及飲料作物改良場編著. -- 四版. -- 臺北市 : 五南圖書出版股份有限公司, 2024.12

面 ; 公分

ISBN 978-626-393-613-3(平裝)

1.CST: 茶葉 2.CST: 製茶 3.CST: 臺灣

439.46 113011038

5N51

臺灣製茶學

發 行 人 — 蘇宗振

著作主編 — 郭婷玫、林金池

著　　作 — 蘇宗振、邱垂豐、吳聲舜、林金池、黃正宗、楊美珠、林儒宏、蘇彥碩、潘韋成、陳俊良、賴正南、郭婷玫、林義豪、簡靖華、蔡政信、黃校翊

編　　審 — 蘇宗振、邱垂豐、吳聲舜、史瓊月、蔡憲宗、楊美珠、林金池、劉天麟、黃正宗、蕭建興、蘇彥碩、林儒宏、賴正南

發行單位 — 農業部茶及飲料作物改良場

地址：326 桃園市楊梅區埔心中興路 324 號

電話：(03) 4822059

網址：https://www.tbrs.gov.tw

出版單位 — 五南圖書出版股份有限公司

美術編輯 — 何富珊、徐慧如、王麗娟、封怡彤

印刷：五南圖書出版股份有限公司

地址：106 台北市大安區和平東路二段 339 號 4 樓

電話：(02) 2705-5066　傳真：(02) 2706-6100

網址：https://www.wunan.com.tw

電子郵件：wunan@wunan.com.tw

劃撥帳號：01068953

戶名：五南圖書出版股份有限公司

法律顧問　林勝安律師

出版日期　2023年 4 月初版一刷

2023年 5 月二版一刷

2024年 1 月三版一刷

2024年12月四版一刷

定　　價　新臺幣480元